维也纳现场

建筑与音乐的二重奏

李文虹 著

清華大學出版社
北京

图书在版编目（CIP）数据

维也纳现场：建筑与音乐的二重奏 / 李文虹著. —北京：清华大学出版社，2022.8
ISBN 978-7-302-59657-8

Ⅰ. ①维… Ⅱ. ①李… Ⅲ. ①建筑艺术－鉴赏－维也纳 ②音乐欣赏－世界 Ⅳ. ①TU-865.21②J605.1

中国版本图书馆CIP数据核字（2021）第255456号

责任编辑： 冯　乐
封面设计： 吴丹娜
版式设计： 谢晓翠
责任校对： 王荣静
责任印制： 杨　艳

出版发行： 清华大学出版社
网　址： http://www.tup.com.cn,　http://www.wqbook.com
地　址： 北京清华大学学研大厦A座　**邮　编：** 100084
社总机： 010-83470000　**邮　购：** 010-62786544
投稿与读者服务： 010-62776969, c-service@tup.tsinghua.edu.cn
质量反馈： 010-62772015, zhiliang@tup.tsinghua.edu.cn
印装者： 小森印刷（北京）有限公司
经　销： 全国新华书店
开　本： 170mm×240mm　**印　张：** 25　**字　数：** 396千字
版　次： 2022年8月第1版　**印　次：** 2022年8月第1次印刷
定　价： 159.00 元

产品编号：092491-01

春去秋又来（代序）

2016年春一个周日的上午，天气阴沉。她来到维也纳北郊山上的格林津公墓，寻访音乐家马勒的长眠之处。在那一大片墓地里，她找到了马勒的墓，在墓碑前献上带来的鲜花，从包里拿出小音箱，为马勒播放他的第二交响曲《复活》的终乐章。她跪坐在墓前，全身心地感受着马勒的气息和灵魂，泪湿着眼眶，久久不忍离去。直到阳光洒落，她才下山，去了马勒临终前的住所和海利根施塔特与贝多芬有关的几处地方，之后又不知疲倦地回到了格林津公墓，此时的马勒之墓沐浴在金色的夕照之中。

她是李文虹，一位来自北京的建筑师，一位从小就喜爱音乐的建筑师，维也纳是她向往已久的地方，她对马勒情有独钟。

读着文虹的书稿，一场建筑与音乐的旅行，你仿佛身临其境，被文虹记述的维也纳的躯体与灵魂深深吸引，被她真情实感写就的维也纳的建筑和音乐的双重奏捕获心灵。在书中，她如数家珍般讲述着维也纳的场所、人和事，传递出一个热爱音乐的建筑学人朝圣般的心情和感悟。文虹的书稿，带我回到了在维也纳的美好时光，迷人的维也纳又映现在眼前。何时再能重访维也纳？去走访文虹书中的那些佳处，去过的，和没去过的。

我去过不少次维也纳，与维也纳的缘分始于我在德国留学时期。我的导师阿尔冯斯是维也纳人，退休后回到维也纳住在老城。我第一次去维也纳是在1996年的春季，当时选了阿尔冯斯的一门课到维也纳参观。一周的时间我们看了一些教堂、博物馆，以及瓦格纳、路斯、霍夫曼、普列茨尼克、奥布里希、霍莱因等设计的房子，还有弗洛伊德故居、卡尔·马克思大院和几个当时新建的住宅区。阿尔冯斯也带我们进了一些咖啡馆。记得当时有一堂课是在奥布里希设计的维也纳分离派展馆里上的。阿尔冯斯讲分离派如何从环城大道边上的老艺术家协会 “分离”出来，讲了“金色的” “蓝色的” “红色的”维也纳。还有一堂课是大家坐在环城大道的有轨电车里，听阿尔冯斯讲环城大道的前世今生。

源自古罗马人一个兵营的维也纳，在1683年遭受第二次土耳其人围攻时，其城市规模和建设还仅仅局限在老城第一个街区。即使在今天，我们仍然可以从其街巷的布局中清晰地辨识出古罗马人留下的痕迹。 1850年维也纳开始扩建，原本抵御土耳其人入侵的防御城墙被拆改为一条5000多米长的环城大道。半个多世纪以来，大道两旁陆续建成了博物馆、市政厅、国会、大学和国家歌剧院等，集合了各种历史风格，划时代地改变了维也纳的城市面貌。现在当我们漫步在这条57米宽、在一个多世纪前像弗洛伊德这样的维也纳人喜欢散步的大街上，你能深切地体会到维也纳人的素质是被如何陶养的。在某种程度上，维也纳环城大道的建设与巴黎的豪斯曼改建异曲同工。差不多同时的巴黎改建所形成的新的城市空间养育了印象派画家，环城大道的兴建也使维也纳美术界呈现出繁荣的局面。然而到了十九世纪末，维也纳人对其生长其中的文化传统开始质疑时，环城大道作为保守僵化的、传统的象征成为了他们批判的焦点。在奥托・瓦格纳眼里，环城大道已经是“过时的形式世界”，虽然他本人作为环城大道的受益者，在十九世纪六十年代后期已经在环城大道区域建造了许多公寓，但直到九十年代开始投入市政建设项目时，他才真正转变为一个现代主义者。卡米洛・西特，现代城市思想的先驱之一，也反对环城大道这种僵硬的、整齐划一的规划，批判它只在突出一种象征性的功能，而没有重塑社会体验。虽然他对逝去的城市生活价值无比怀念，与瓦格纳的功能主义相左，但他的公共意识和人性化的城市理念受到刘易斯・芒福德和简・雅各布斯的推崇。

近些年因为和维也纳工业大学的合作交流，我几乎每年春季学期都会带研究生去维也纳。文虹就是在2016年的春天，跟我第一次去的维也纳。每次在维也纳，阿尔冯斯都很开心地为我们当一天导游，带我们在维也纳老城穿街走巷，走他设定的基本路线：早上我们在分离派展馆前集合，参观开始前，他会打开A3大的速写本，边说边画维也纳的超级简史，特别讲一段分离派的诞生。然后到纳什市集面对着两栋公寓讲瓦格纳，再转到博物馆区，穿过自然和历史博物馆到霍夫堡皇宫，在圣米歇尔广场看路斯楼，最后到他在约旦巷的家里喝下午茶，师母露斯维塔会做些苹果派，阿尔冯斯则拉琴助兴。茶歇后他会带我们在老城区看霍莱因早期做的几个店面和哈斯大楼。这将近一天的游览差不多都会在圣斯蒂芬大教堂结束，有时也会走到阿尔伯提那美术馆。阿尔冯斯还是比较怀念“世纪末的维也纳”，即十九、二十世纪转折时期的维也纳，那段在文化艺术诸多领域都异常繁荣的“金色维也纳”时期。对维也纳这段奇妙的时光有过不少专门的著述和展览，1980年汉斯·霍莱因在维也纳做过一个题为“梦想与现实：维也纳1870—1930”的展览，生动地展示了维也纳从传统向现代转型时期在文化艺术和思想领域的状况。

我每次去维也纳都会飞到斯威夏特机场。机场的行李大厅犹如美术馆，满墙的电子显示屏放映着维也纳几个著名博物馆的藏画，其中最耀眼的是古斯塔夫·克里姆特的金色之“吻”。对很多人来说这是对维也纳的第一印象。克里姆特无疑是维也纳之骄子。从他的观念和绘画风格的演变我们可以领略到哈布斯堡皇朝后期的维也纳从传统社会走上现代的转变。十九世纪末的维也纳美术界曾一度受到以汉斯·马卡特为首的学院派保守势力的支配。克里姆特也曾在马卡特画室工作，得利于马卡特的引荐，克里姆特在环城大道的建筑热潮中声名鹊起，1890年他为城堡剧院创作的壁画赢得过皇帝勋章。而七年之后，他领军莫塞、霍夫曼等由艺术家、雕塑家和建筑师组成的群体，成立了维也纳分离派。宣称与古典学院派艺术分离，探索与现代生活相结合的新的艺术形式。

卡尔·休斯克在《世纪末的维也纳》中指出，维也纳“几乎是同一时间，在一个又一个的领域内做出了革新，以致在整个欧洲文化圈里，被称作是维也纳‘学派’——在心理学、艺术史和音乐上尤其如此。即便在国际公认的奥地利发展较缓慢的领域，如文学、建筑、绘画和政治，奥地利人对其传统所进行的关键性重构和颠覆性转型，就其自身社会而言，即使不是真正革命性的，也称得上是激进新潮了”。世纪末的维也纳，处在野心勃勃的柏林和繁华欢愉的巴黎之间，在历史变迁的迷茫中，维也纳的“青年一代”，以敏锐的嗅觉，努力摆脱历史的桎梏，去探寻新的身份认同，找寻属于他们自己的声音。于是万象更新，新思想、新潮流在昏昏欲睡的哈布斯堡王朝后期破茧而出、纷纷涌现。此时的维也纳知识界，在学术、艺术、文化和思想领域达到了一个巅峰状态，弗洛伊德、瓦格纳、克里姆特、霍夫曼、马勒、路斯、勋伯格、席勒、柯克西卡、克劳斯、施尼茨勒、艾尔腾伯格、维特根斯坦、哈涅克、茨威格、霍夫曼施塔尔等，他们有的探究深不可测的灵魂，有的用犀利的言辞针砭时弊，有的在文化艺术多个领域探寻新的表达方式，可谓人类群星闪耀时。

维也纳人对他们的城市满怀深情并引以为豪。在《奥地利》一书中，芭芭拉·施丹塔尔称没有一个维也纳人觉得世界上有别的地方可以替代维也纳。在维也纳，每一个想法、每一种观念的诞生都会立即招致批判，然而经过几年时间的等待便会深入人心。就像弗洛伊德在二十世纪初提出的精神分析学说，一开始遭受到很大的排斥。瓦格纳、克里姆特、奥布里希、霍夫曼、路斯等现代思潮的开拓者，一开始在维也纳都受到猛烈的抨击。1897年维也纳分离派诞生之时也是如此，同一年，当三十八岁的马勒执掌皇家歌剧院时，整个维也纳都在尖叫，他“如此年轻”。“离经叛道”的弗洛伊德、“无法无天”的克里姆特、“颓废堕落”的席勒、“无调性”的勋伯格，早先颇受争议的维也纳现代音乐节，等等，如今都是维也纳宝贵的精神财富，它们都以各自独特的方式和理念从沉睡的传统的禁锢中“分离”出来，在这座城市中孕育、发芽，之后根深叶茂，又积淀为维也纳新的传统。维也纳正是在这样的集合之下，随着岁月的叠合充满了天赋和魅力，尤其是在音乐、戏剧等艺术文化领域。正如茨威格在《昨日的世界》中所说的，地处多元文化和多民族的汇聚地，维也纳 “这座音乐之都的真正天才表现在能把一切有巨大差异的文化熔为一炉，成为一种新的独特的奥地利文化、维也纳文化。这座城市具有博采众长的欲望，对那些特殊的事物特别敏感，它吸引各种类型的人才到自己身边，逐渐使他们融洽相处。在这种融洽的氛围中生活，使人倍感温暖”。

漫步维也纳街头犹如回到了过去的时光。就像约翰·伯格说的，维也纳是一个怀旧之都，充溢着安适与惬意。然而或许卡尔维诺说得对，一个地方“因为只有通过她变化了的今日风貌，才唤起人们对她过去的怀念，而抒发这番思古怀旧之情”。你会发现，维也纳这座有着2000多年历史的古城，在漫长的历史演进中，即使经历过历史的创伤，依然在“梦想与现实”之间优雅从容地走过一个又一个春夏秋冬。无论如何，昨夜的维也纳星光灿烂，今日的维也纳愈发光彩照人。维也纳人不仅为其传统倾注着心血，同时也面对新的生活方式不断地更新发展，培孕着新的创意和思想，以提高生活品质。今天，维也纳以其优美的自然与人文生态、完善的基础设施和公共服务系统，已然是世界上最富有活力和最宜居的城市之一。

2019年秋，时隔3年，文虹第二次去了维也纳。在两次旅程中她几乎走遍了维也纳所有与音乐相关的地点，从歌剧院、音乐厅、教堂、宫殿到音乐家的故居、墓地、广场雕塑以及他们到访过的餐厅、酒店、咖啡馆等。是内心的喜爱与向往，成就了文虹这段心路历程。在文虹这段亲历的维也纳之旅成书付梓之际，祝贺并感谢文虹邀我作序，让我能沉浸在对我喜爱的音乐之都的无比怀念之中。

请跟随文虹的脚步去领略维也纳无双的魅力吧!

王路

2021年秋清华园

前言

关于音乐与建筑

我是一名建筑师，从大学本科跨入建筑学的门槛至今已有三十载；但同时我也是一名音乐爱好者，从小学的合唱队到中学的钢琴组、大学的文艺社团键盘队，音乐一直是我生活中不可或缺的良伴。职业与爱好并不矛盾，尤其是音乐与建筑，这二者之间有着千丝万缕的联系。

朱自清曾在荷塘月色中描述说：“塘中的月色并不均匀；但光与影有着和谐的旋律，如梵婀玲上奏着的名曲。”看到的无声光影怎么会成了小提琴曲呢？这个比喻手法就是“通感”。同样，建筑与音乐也可以通感，虽然一个是视觉与空间的艺术，一个是听觉与时间的艺术，但是它们之间被“美”这个伟大的东西架起了一座联系的桥梁。虽然是不同形式的艺术载体，但这二者在抒发情感、震撼心灵的艺术效果方面却是殊途同归，而蕴含在创作之中的美学准则也有着深刻的内在联系。

关于音乐与建筑，最著名的莫过于德国文学家歌德（Goethe，1749—1832）的那句名言：“建筑是凝固的音乐。”德国哲学家黑格尔也曾经说过：“音乐和建筑最相近，因为像建筑一样，音乐把它的创造放在比例和结构上”，一语道破二者之间的相同之处。

是的，建筑学中广泛运用的多样与统一、比例与尺度、对称与均衡、节奏与韵律、色彩与材质等形式美原则，与音乐创作中的艺术法则有着惊人的相似。建筑通过这些原则构建起来的空间形态，犹如一首动人的乐曲。例如有规律的重复和连续性的变化形成了建筑形式上的节奏与韵律，令静态建筑展现出流动变化的动态之美；这与音乐中音符节拍与旋律变化形成的节奏与韵律在抒情效果上有着异曲同工之妙。建筑中那参差高低、错落有致的轮廓，其实与音乐中那跌宕起伏、轻重缓急的旋律有着极为相似的艺术效果。再比如建筑中运用玻璃、石材、钢等不同质感的建筑材料和浓淡各异的色彩来获得丰富多样又和谐统一的整体效果，而音乐中也是依靠各种不同的乐器协调配合，编织出明暗变化的色彩，从而形成恢宏壮观的交响乐。建筑空间造型中的铺陈、遮挡、高低、疏密、虚实、进退等，就如同音乐中的序曲、扩展、渐强、高潮、休止，同样都有一种抑扬顿挫的起伏，一份荡气回肠的心动。

此外，音乐与建筑的相似性还可以从风格流派上找到共鸣。例如十七世纪盛行的巴洛克式建筑，特点是注重装饰、多用曲线、追求动态、色彩强烈，试图以珠光宝气、华丽绚烂的视觉效果来向世人炫耀建筑的辉煌，并通过建筑表面的凹凸起伏和光影变化使建筑富于动感和戏剧性。而同一时期的巴洛克音乐则是运用强烈跳跃的节奏和复杂的复调风格，强调力度和速度的变化，通过华丽的装饰音等使音乐表情丰富，听起来辉煌灿烂、跌宕起伏。听巴洛克音乐便会很自然地联想到巴洛克建筑，只因这二者的内在精髓同源。再比如建筑流派中有古典主义、现代主义、解构主义等，音乐中也有与其相似的流派分类。举个例子，建筑中的解构主义是打破现有的习惯和秩序，运用相贯、偏心、反转、回转等手法，使建筑具有不安定、破碎凌乱、富有动感的特征。当我看到解构主义大师彼得·埃森曼（Peter Eisenman，1932— ）、弗兰克·盖里（Frank Owen Gehry，1929— ）的作品时，我会立刻联想到现代主义音乐的代表人物斯特拉文斯基（Stravinsky，1882—1971）的《火鸟》《春之祭》等作品，因为斯特拉文斯基在音乐中运用的复杂多变的节奏、非传统的和声以及不和谐的和弦，与解构主义大师在建筑设计中所运用的手法本质上是相同的，二者的艺术效果更是惊人地相似。

其实凡是艺术都有相通之处，音乐、绘画、书法、舞蹈、文学、电影……虽然表达方式与手法不尽相同，但都是能带给人们美感的艺术享受，都以能够深深触动人的灵魂为艺术的最高境界。音乐与建筑尤其相似，只不过建筑是一种静默的空间艺术的凝聚，而音乐则是一种有声的时间艺术的喧哗。艺术可以触类旁通，更能够相得益彰。我认识的很多建筑师同行都对其他的艺术形式颇感兴趣，其中出色的业余书法家、画家不乏其人——因为建筑是科学与艺术的结合，建筑师都要有起码的美学修养。而我认识的很多乐友，他们也热爱其他各式各样的艺术，喜欢看各类展览、欣赏名画、游览建筑。至于我自己，除了热爱我的建筑本行，也酷爱音乐、绘画、文学、电影等多种艺术，是一枚不折不扣的“文青”，因为在我的内心，永远怀有对美的追求、对万物的好奇心以及对生活的热爱，这样的初心不会随着时光而老去。

作为一枚永远的“文青”，我产生了强烈的意愿要写这样一本书，把一个城市中最动人的音乐体验和建筑感受同时分享给众人，献给那些和我一样热爱艺术的“文青”们。而这样一座同时兼具音乐与建筑之美、魅力无法抵挡的城市就是奥地利的首都——维也纳!

关于维也纳——音乐之都，梦中之城，宜居之地

说到维也纳，大概每个人都会联想到它那“世界音乐之都”的美誉。不错，维也纳拥有世界上最悠久、最丰富的音乐历史，这是任何一座其他的城市无法与之媲美的。同时，它还被称为梦中之城，这个称呼源于1914年奥地利作曲家鲁道夫·席辛斯基（Rudolph Sieczynski，1879—1952）创作的歌曲《维也纳，我梦中的城市》（Wien, Du Stadt Meiner traume）。是的，维也纳就像是镶嵌在多瑙河上的一颗明珠，散发着璀璨耀眼的光彩。

在世界著名的美世（Mercer）咨询公司公布的世界宜居城市排行榜上[1]，维也纳更是已经连续十年登上冠军宝座，低犯罪率、公共交通发达、文化场所众多等是它胜出的优势。而这对于旅行者来说，无疑是理想中的福地!

作为一名音乐爱好者，维也纳是我向往已久的地方，它就像一颗种子，早已播种在我童年的心灵中。从《第三个人》《茜茜公主》，到《爱在黎明破晓前》《碟中谍5：神秘国度》，在我的成长过程中，我在很多电影中都曾一睹维也纳的迷人芳姿，于是逐渐在心中枝枝蔓蔓地生出了许多维也纳情结，当年的种子不知不觉已长成了参天大树。

---

1. 美世是全球最大的人力资源咨询公司之一，它对全球近240个城市，从政治和社会环境、经济环境、社会文化环境、医疗和健康、学校和教育、公共服务和运输、娱乐、消费品、住房、自然环境等10个方面进行调查，通过39项评量标准评分综合后得出这一排行榜。

有时，一次旅行需要一点外力和机缘的促成。2016年的早春，在我攻读博士学位期间，我的导师王路教授要带一部分学生去维也纳工业大学（TU Wien，也称维也纳科技大学）建筑系与那里的师生们交流；在王老师的鼓励下，我报名参加了这次活动，也从此结下与维也纳的不解之缘。除了在校园交流的两天，其他几天时间我都是自由安排行程，每日不知疲倦地用脚步丈量着这座城市的大街小巷，尽情地领略着维也纳的魅力，并为之深深迷醉。可惜时间短促，一次旅行不足以充分满足我的愿望，于是2019年秋季，我再次踏上了去维也纳的旅程，继续追寻心中的梦想。这两次旅行前我都做了细致的功课与攻略，行程安排得极为紧凑；虽然加起来的旅行时间只有两周，但已足够让我对维也纳有个比较全面的了解。

维也纳是一座历史悠久且极富魔力的城市，这里古典与现代和谐并存、交相辉映。在老城区，当你漫步街头，那些随处可见的巴洛克式古典建筑令人恍若坐上了时光机，瞬间便潜入了历史的年轮，重回那个古典音乐家辈出的辉煌年代。

音乐是维也纳的灵魂，这座美丽的城市成就了海顿、莫扎特、舒伯特和施特劳斯等众多音乐大师。这里的音乐家故居众多，那些著名的音乐大师中大概只有巴赫不曾到访过维也纳，因为竟然没有一个音乐地址与他有关。用今天的话来说，巴赫他老人家实在是太“宅”了，若想拜会这位“音乐之父”，看来只能日后去德国的莱比锡了。

维也纳的音乐厅更是多如牛毛，除了著名的金色大厅、国家歌剧院等辉煌气派的大型音乐厅，很多宫殿等古典建筑中也藏匿着有特色独具的小型音乐厅，这些小厅不仅令人惊艳，而且别有一番韵味和情调。在这里，每天晚上都会为爱乐者们奉上一场场古典音乐的饕餮盛宴，维也纳简直就是爱乐者们的天堂！

在欧洲，几乎找不到第二座城市像维也纳这样热衷于文化生活。除了音乐厅，这里还拥有丰富的博物馆和艺术馆，馆内藏有琳琅满目的珍贵文物、大师名作，令人增长见识、大饱眼福。

一个城市的魅力往往在于新与旧的融合，历史留下的传统和珍宝成为了现代艺术创作的灵感源泉。维也纳是皇家历史的宝藏，同时也是现代艺术的中心，这里也有很多摩登亮眼的现代建筑，让人能够兴奋地感受到二十一世纪时代脉搏的跳动。整个城市都从骨子里散发出一股浓郁的文艺气息，因此这里一定是“文青”们心头的最爱。

维也纳也是一个气定神闲的城市，街头巷尾有着很多精美的咖啡厅、小酒吧和西餐厅，走累了可以随时坐下来喝一杯。徜徉在古老而温馨的街道，呼吸着充满浪漫气息的空气，享受着富有异国情调的美食，你一定会迷上维也纳这瑰丽迷人的生活色彩！

维也纳还是一座治安极好、出行便利的城市。这里以犯罪率低、安全性高著称，因此你不必像在意大利、西班牙旅行时那样担心丢失财物。城市中的公交系统也极为发达，出门基本上无须搭乘出租车，一张17欧元的三日通票便可在72小时内任意乘坐地铁、公交车等交通工具。

我热爱旅行，既要读万卷书，也要行万里路；心灵和身体，总有一个要在路上。这些年里我去过的国家和城市也有不少，不过，如果要让我选一个地方悠闲地住上一段时间，那一定非维也纳莫属，它是我心中永恒的向往。在维也纳，旅行的乐趣永无止境！

必备基础知识——维也纳的城市历史和城市结构

在开启这本书中的音乐与建筑之旅之前，为了能有更好的阅读体验，各位首先很有必要了解一下维也纳的城市历史和城市结构。

奥地利位于欧洲的脏腑之地，而首都维也纳坐落于阿尔卑斯山北麓，三面被著名的维也纳森林所环绕，东面是辽阔的平原，到处都郁郁葱葱、生机盎然。这是一座景色分外美丽的花园城市，多瑙河从市区静静流过，无愧其“多瑙河女神”之美誉。

维也纳的悠久历史可以追溯到公元一世纪的罗马帝国，罗马人曾经在此建立城堡。奥地利的名字最早出现在公元996年的史书记载上，1156年，奥地利从一个附属领地被提升为公国，并定都维也纳。1278年，哈布斯堡家族于奥地利开始了其长达近七个世纪的王朝统治，首都维也纳得以迅速发展，成为欧洲的文化和政治中心。1529年和1683年，奥斯曼帝国[1]先后两次围攻维也纳，维也纳都艰难地抵抗住了土耳其人的进

1. 奥斯曼帝国，1299—1923年土耳其人建立的多民族帝国，因创立者为奥斯曼一世而得名。

攻。之后，奥斯曼帝国开始走向衰落，而维也纳却开启了辉煌的建设时代，文化艺术也蓬勃发展、欣欣向荣。

“一战”的结束宣告了哈布斯堡王朝统治的终结和奥匈帝国的解体，1919年奥地利共和国宣布成立。“二战”中维也纳遭到空袭，城市被战火损毁严重，“二战后”更被美、英、俄占领长达十年之久。1955年，奥地利签约成为中立国后才重获独立，维也纳经历了战后的经济复苏和城市重建，终于再度繁荣发展起来。

维也纳的城市结构分为三层，由内城向外城依次展开。内城区（也被称为第一区）即老城区，它是维也纳的心脏，它的区域外边界由一圈50多米宽、5.3公里长的环城大道（Ringstrasse，也被称为戒指路，其地位有点像北京的二环路）围合而成，维也纳居民活动的主要场所——城市公园、卡尔广场、博物馆区、维也纳国家歌剧院、霍夫堡宫、市政厅、国会大厦、维也纳大学等，几乎全部围绕着绿树成荫的环城大道展开。这里汇集了维也纳的建筑精华，设计风格融合了古典主义、哥特式、文艺复兴和巴洛克式等多种元素。环城大道建立在一段原本是十三世纪修筑的城墙旧址之上，1857年，弗兰茨·约瑟夫皇帝[1]颁布诏书，下令拆除城墙，并规定了环城大道的精确尺寸和新建筑功能，这一宏伟工程向世人展示了哈布斯堡王朝的显赫和奥匈帝国的荣耀。在随后的年代中，环城大道两侧还兴建了大量豪华的公共和私人建筑，王公贵族们都竞相沿街修建富丽堂皇的府第。今天，环城大道是维也纳城市中游客云集的著名观光大道，乘有轨电车游览一圈大约需要45分钟。内环城线与外环城线之间是城市的中间层，这里是密集的商业区和住宅区。外环城线的南面和东面是工业区，西面是别墅区、公园区、宫殿等，一直延伸到森林的边缘。

维也纳市被划分为23个行政区，每个区都有自己的个性和特色。它们的排布乍一看有些令人感到困惑，但是仔细研究一下你就会发现规律——它们基本是以第一区为核心、按照顺时针旋转的次序依次排列而成的。从以不同颜色表示建设年代的区域划分图中，还可以明显看出这个城市是如何沿着时间轴一步步发展壮大起来的。

---

1. 弗兰茨·约瑟夫一世（Franz Joseph I，1830—1916），奥地利帝国和奥匈帝国皇帝，在位68年，妻子是茜茜公主。

百水公寓附近的街道标牌

这里告诉大家一个实用小窍门，即通过邮政编码来确定一个地址所在的行政区。维也纳的邮编一般由四位数字构成，第一位通常都是1（城市代码），第四位通常都是0（邮政分支机构代码），而中间的两位则表示所在的行政区。例如1010就是第一区，1130则是第十三区。掌握了这一点，你就可以判断目的地的大致方位，更加高效、合理地规划自己每天的旅行路线了。此外，万一你在街上走迷了路也不用慌张，只要找到一块最近的街道标牌就可以清楚地知道自己所在的区位——因为街道名称的前面永远有个数字，它就是行政区号。例如在这张百水公寓附近的照片中，墙面上蓝色的街道标牌显示“3. Löwengasse”，后面的字母代表这条街道的名称叫作勒文大街，而前面的数字“3”则代表它所在的位置为第三区。多么智慧的街道标牌命名方式呀！

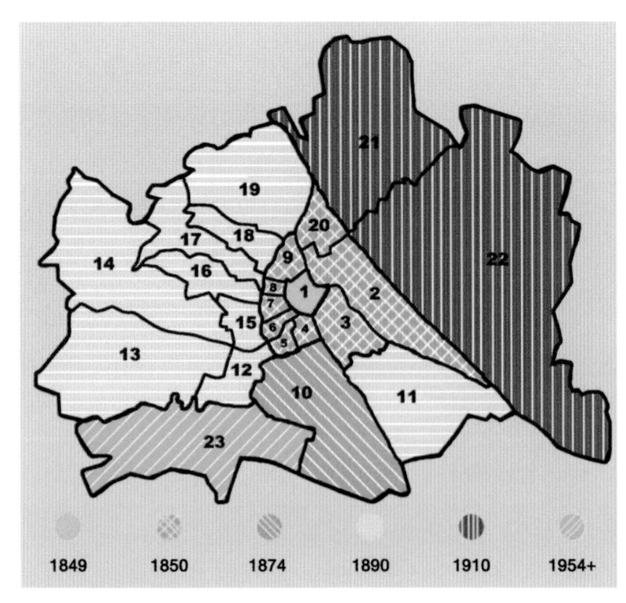

维也纳的23个行政分区示意图

目录 Contents

第一部分　音乐之旅

Part 1. Music Tour

音乐厅
Concert Halls

教堂
Churches

音乐家故居
Former Residences of Musicians

附录

第一部分

音乐之旅

Part 1

Music Tour

德国哲学家尼采曾经说：“当我想以一个词来表达音乐时，我找到了维也纳。”

对于热爱古典音乐的人来说，维也纳是个有着致命吸引力的朝圣之地。维也纳就好像音乐家们的好莱坞，它的热烈气氛吸引着来自欧洲各国的音乐精英，他们群星闪耀，在哈布斯堡王朝笼罩的音乐星空下竞相绽放着光彩。

自十八世纪开始，这里就成为全世界的音乐中心，众多西方古典乐的祖师爷级泰斗人物都曾先后辗转来到维也纳定居和发展，其中包括海顿、莫扎特、贝多芬、勃拉姆斯这些闪亮的名字；当然，这座城市也孕育出了舒伯特、施特劳斯等这样土生土长的本地音乐家。因此，他们给这座古老的城市留下了太多的生活烙印和宝贵遗产，以至于来自世界各地的乐迷们都会竞相来此，去虔诚地膜拜那些令他们心驰神往的地点。

从音乐厅到教堂，从故居到墓地，从宫殿到咖啡厅、酒店，这个城市中有太多的场所都和昔日那些伟大的音乐家们有着千丝万缕的联系。还有那些散落在城市中的音乐家雕像，他们不仅像明珠一样把这座音乐之城装点得更加美丽，而且像守护神一样，日夜守卫着属于他们的城市。你可能会感到难以置信，这座城市的地图上竟然有着四百多个和音乐家有关的地址！信步漫游在维也纳街头，稍一凝眸便可能遇见一栋有故事的历史建筑，一不留神便可能会与某位音乐家的不朽灵魂擦肩而过……一块纪念牌，一尊雕像，都可能瞬间带你穿越百年时光，回到那个不可复制的光辉岁月……

下面就请跟随我的步伐漫步维也纳，一起去体验这场令人兴奋激动的音乐之旅吧！

音乐厅

Concert Halls

1. 维也纳国家歌剧院（Vienna Operahouse）——维也纳的象征

地　　址：Opernring 2，1010 Wien

电　　话：+43 1 514442955

温馨提示：下午14:00、15:00有英文讲解的导览，但受彩排和演出的影响，不是每天都有，具体时间要在网站上查看

维也纳国家歌剧院是世界著名四大歌剧院之一，也是维也纳的象征，它坐落在老城区中心的环城大道上，非常容易到达。我第一次见识这座著名的歌剧院，还是在汤姆·克鲁斯的影片《碟中谍5：神秘国度》中，这座辉煌的古典建筑令我惊艳。电影中的一场重头戏就在这里上演——在普契尼歌剧《图兰朵》的舞台上空，阿汤哥与对手展开了一场暗杀与反暗杀的精彩戏码；身着长裙的女主角从歌剧院屋顶上一跃而下的镜头也给我留下了深刻印象。

国家歌剧院始建于1861—1869年间，1945年“二战”期间曾经遭受到战火的破坏，现在的歌剧院虽然是战后复原重建的（1955年重新开放），但却完全再现了当年的辉煌。它有着米黄色石材外墙和青铜色拱形屋顶，是一座方形的罗马式建筑。它是仿照意大利文艺复兴时期大剧院的式样建造的，外观浑厚敦实、气势雄伟，同时融合了多种建筑风格。歌剧院正面入口处有着两

维也纳国家歌剧院外观

层五跨连续的优雅拱券，其中二层的每个拱券下伫立着一尊浪漫的女神青铜雕像，分别代表歌剧中的英雄主义、戏剧、想象、艺术和爱情。

前言中提到过，1857年弗兰茨・约瑟夫皇帝决定修建环城大道并在其两侧建设公共建筑，这座国家歌剧院正是环城大道上最早确定修建的主要建筑。经过竞赛，正值盛年的奥地利建筑师凡・德・尼尔（Eduard van der Nüll，1812—1868）和西卡茨布格（August Sicard von Sicardsburg，1813—1868）的设计获得了一等奖。可令人难以置信的是，后来二人却因为这一“混搭”风格的设计不被众人认可而饱受批评和指责，他们不堪忍受舆论的猛烈抨击，竟然于1868年先后郁愤辞世，连竣工那天的盛况都没能看到……1869年歌剧院举行了开幕式，首演曲目是莫扎特的歌剧《唐璜》（*Don Giovanni*），约瑟夫皇帝和伊丽莎白皇后（茜茜）都前来观赏，对歌剧院的批评之声也渐渐平息。历史多次证明，真正的艺术品永远经得起时间的考验。一个半世纪过去了，壮观夺目的国家歌剧院赢得了无数人的喜爱和赞美；九泉之下，那两位为此付出了生命代价的建筑师也可以瞑目和安息了。

从歌剧院正门的门厅进入后，眼前呈现的是一个古色古香、豪华气派的大楼梯，左右对称，通往二层。室内到处都是光彩照人的鎏金装饰，还有彩色壁画和雕塑、灯饰的点缀，显得富丽堂皇、美轮美奂。令我十分惊讶的是，在影片《碟中谍5》中看到的衣香鬓影、杯觥交杂的情景竟然真实地再现于我的眼前！只见来这里的宾客很多都穿戴考究，虽然还是春寒料峭的季节，但女士身穿晚礼服，男士则是西装革履，几乎和电影中的画面一模一样。二楼的休息厅内，有绅士淑女们手持香槟，一边品尝着精致的点心，一边惬意地聊天。我猜身穿锦衣华服来参加音乐会在当地是一种传统和文化吧，像我这样穿着呢子大衣或者羽绒服而来的一看就是外来的旅行者。其实歌剧院内有很大的衣帽间可以存放大衣，很多当地人都把厚重的外套存在了那里，身穿轻薄漂亮的服装进入音乐厅。我不禁有些不好意思，心想下次再来一定得准备一件像样的连衣裙——入乡随俗，咱不能给中国人丢脸啊。

入口处的大楼梯

豪华的室内交通空间

二楼休息厅内还有歌剧院最著名的五位历任剧院总监的半身雕像，包括古斯塔夫·马勒（Gustav Mahler，1860—1911）、理查·施特劳斯（Richard Strauss，1864—1949）和赫伯特·冯·卡拉扬（Herbert von Karajan，1908—

1989）等。其中马勒的胸像为著名的法国雕塑家罗丹（Auguste Rodin，1840—1917）所作，被称为旷世杰作。凝望着这座真人尺度、栩栩如生的雕像，我的内心很不平静。其实来歌剧院除了朝拜这座 “世界歌剧中心”，也是来追寻马勒的足迹，因为他是我心目中最为崇拜的音乐大师，而这里则是他怀着满腔热情、为他的音乐理想努力奋斗了十年青春的地方啊！ 从1897年到1907年，马勒在维也纳歌剧院任院长及首席指挥，他在这里做出了永垂青史的业绩。他以为理想而献身的精神、不屈不挠的意志投身于他力求完美的事业中，要求所有的艺术家都像他一样全身心地投入……经过他的不懈努力，歌剧院终于拥有了更高的声望，达到了空前的辉煌。我在大厅里看到了马勒的画像、胸像，还有他曾经使用过的钢琴，这一切都令我感到周围的空气中仿佛有他的气息在流动，一种与大师神交的奇妙之感不禁漫过全身。

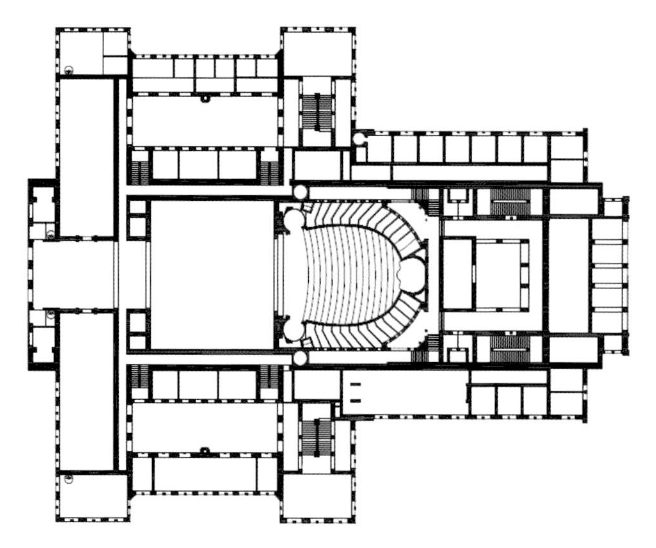

国家歌剧院平面图

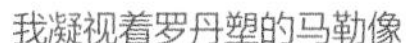

我凝视着罗丹塑的马勒像

我在马勒的画像前留影

我观看的这场演出是著名的芭蕾舞剧《海盗》（*Le Corsaire*），因为我提前半个月订票时，已经订不到合适的歌剧演出门票了，只好退而求其次选择舞剧，重在感受歌剧院气氛。这是一个有着一层池座和五层马蹄形楼座的古典剧场，总共能容纳观众2200多人（其中包括567个站席）。那深红色的座椅，白色镶金的装饰，光彩夺目的水晶灯，令人宛如穿越到了一百多年前的时光。马勒，他当年就是站在那万众瞩目的指挥台上，倾尽全力地指挥了不知多少场歌剧……最后的谢幕简直是一种剧场文化！演员一遍遍出来谢幕，观众一遍遍站起来鼓掌喝彩，还有人直接把鲜花从看台抛到舞台上！潮水般的掌声，节日样的热烈气氛，大约持续了有十多分钟。想必马勒当年也在这舞台上接受了无数音乐爱好者们的喝彩和致意吧！

这一晚，我总是会出神地遥想到一百多年前这个剧场里的情景，辛苦排练的马勒，忘我演出的马勒，鞠躬致谢的马勒……

马勒像和他用过的钢琴

歌剧院室内

第二次来维也纳，我又一次到访了这座迷人的歌剧院。这次我欣赏的是意大利作曲家唐尼采蒂（Donizetti，1797—1848）的两幕喜歌剧《爱的甘醇》（*L'Elisir d'Amore*），并再次为歌剧院的魅力所倾倒。这一次的惊喜是在歌剧院的顶层发现了一个十分宽敞、可以上人的屋顶平台，两侧对称矗立着两尊砖石基座的青铜骑马人像，威风凛凛、英姿勃发，据说是戏剧之神，象征着和谐与诗意。傍晚华灯初上、夜幕降临，倚在露台的栏杆上眺望周边老城区的阑珊夜色，真是一种令人陶醉的莫大享受。

最后要说的是，这里是世界上最繁忙的歌剧院之一，每年300天的演出季中，歌剧院要上演50部歌剧和15部芭蕾舞剧；它像一颗充满魔力的宝石，吸引着全世界无数出色的指挥家、乐团、歌唱家、舞蹈家，他们都为能够登上歌剧院的舞台而感到荣幸。每年夏季七八月份是歌剧院的休息期（马勒当年也是平日指挥，夏季作曲），虽然没有演出，但是可以参观。音乐会的门票可以提前在网上预订，然后自己打印或者现场取票。

我在歌剧院的屋顶平台上留影

2. 维也纳音乐之友协会大厦（Wiener Musikverein）的金色大厅——世界上音效最佳的十大音乐厅之首

地　　址：Musikvereinsplatz 1，1010 Wien

电　　话：+43 1 5058190

温馨提示：每周一至六下午13:00有英语讲解的导览

提起金色大厅，大概所有人都会联想到一年一度全球直播的维也纳新年音乐会。这里是维也纳爱乐乐团的常驻演出场地，然而金色大厅并不是一栋独立的建筑，而是附属于音乐之友协会大厦的音乐厅，也是该大厦拥有的七个音乐厅中最为著名的一个，设计者是丹麦建筑师特奥菲尔·汉森（Theophil Hansen，1813—1891）。来维也纳，一定要争取来金色大厅听一场音乐

夜色中的音乐之友协会大厦

金色大厅辉煌的室内

会，音乐会的门票可以提前从网站上预定。

音乐之友协会大厦始建于1867年，从外观上看要比国家歌剧院朴素许多。它有着红白相间的墙面、精美繁复的山花装饰以及优雅端庄的音乐女神雕塑，是一栋意大利文艺复兴风格的建筑。不过这座音乐殿堂的内部倒是美如其名，步入其中就像坠入了金色的海洋——金色的天花、墙壁、浮雕、舞台……目光所及之处都是一片金碧辉煌，华美瑰丽的水晶吊灯和周边排列的一圈金色女神柱尤其引人注目，整个音乐厅内的装饰全都流光溢彩、熠熠生辉。金色大厅迄今已有150年历史，这里曾经见证过很多意义非凡的历史时刻，其中在此首演的交响曲包括勃拉姆斯的《第二交响曲》和《第三交响曲》、布鲁克纳的《第二交响曲》《第六交响曲》和《第九交响曲》以及马勒的《第九交响曲》等。

金色大厅内部的座席分为池座和楼座共两层，总共有1744个座席和大约300人的站立空间。音乐厅的平面呈狭长的矩形，是典型的鞋盒式音乐厅，它被公认为是世界上音响效果最棒的音乐厅。在这里，弦乐器与木管乐器、木管乐器与铜管乐器的平衡达到了巧妙无比的完美境界。原来，金色大厅的天花板之上和地板之下，各隐藏有一块共鸣空间，整个音乐厅就像乐器的共鸣箱，所以音响效果极佳。此外，楼上包厢的划分、墙面女神柱的排列、天花图案的凹凸也都经过精细的设计，声音的反射、流动、扩散都达到了十分理想的效果。令人称奇的是，最早对音乐厅声学进行量化计算的美国物理学家赛宾（Wallace Clement Sabine，1868—1919）是在1898年才提出的混响时间计算公式，而早于他几十年，建筑师汉森就能凭经验和直觉做出如此明智的判断、巧妙的设计，这简直是太不可思议了！

我当晚欣赏的是一支北部奥地利交响乐团的音乐会，曲目包括贝多芬的《第八交响曲》和当代澳洲作曲家布莱特·迪恩（Brett Dean,1961—）为小号和管弦乐队而作的作品。无论是音乐大师的传世经典还是前卫另类的现代作品，在金色大厅内部都能得到音响效果的完美演绎。

令我印象深刻的还有音乐会来宾的着装，我又一次看到很多当地观众都穿着光鲜华美的礼服前来观看演出，就好像要走红毯一般，颇有仪式感。所以再次提醒大家，来维也纳听音乐会，最好是准备一套比较正式的服装，以便更好地融入音乐会的气氛中去。

3. 维也纳音乐厅（Wiener Konzerthaus）——维也纳排名第三的音乐厅

地　　址：Lothringerstrasse 20，1030 Wien

电　　话：+43 1 242002

温馨提示：每周二、周五下午13:00有德语讲解的导览

在维也纳，最为举世闻名的音乐厅当属金色大厅和国家歌剧院，而名声仅次于它们的就是维也纳音乐厅了。它是维也纳最古老、音响效果最棒的音乐厅之一，与金色大厅以及国家歌剧院一起并称为音乐之都声誉最高的三大音乐厅。

这座白色古典建筑坐落于洛林大街（Lothringerstrasse）上，距离城市公园南端不远，而它的斜对面则是贝多芬广场。维也纳音乐厅于1911年至1913年建成，由路德维希·鲍曼（Ludwig Baumann，1853—1936）、费迪南德·费尔讷（Ferdinand

维也纳音乐厅外观

Fellner，1847—1916）和赫尔曼·戈特利布·赫尔梅尔（Hermann Gottlieb Helmer，1849—1919）三位建筑师联合设计，其白色的外墙、红色的坡顶、曲线的装饰都显示出新艺术[1]风格特征，与音乐之友协会大厦和国家歌剧院都截然不同。

虽然维也纳音乐厅知名度比金色大厅稍逊，但它恰巧与维也纳音乐与表演艺术大学和学院剧场相毗邻，因此在音乐会的曲目选择上独具实验性和学术性，经常会上演一些在其他音乐厅内不常出现的曲目。维也纳音乐厅自落成至今一直致力于推广传统及创新风格的音乐形式，它的宗旨始终就是"一个维护高雅音乐的场所，一个艺术追求者的聚集地，音乐之家以及维也纳的文化中心"。每年9月到次年6月的音乐季，这里会举行大约750场大大小小的音乐活动，上演近2500部音乐作品。这座艺术殿堂是维也纳交响乐团、维也纳室内乐团以及维也纳声音论坛（Klangforum Wien，该乐团以擅长演奏现代与当代音乐作品著称）的常驻演出地，也是许多音乐新星崭露头角的地方，在音乐圈内有着不可小觑的影响力。历史上有很多著名的音乐家都曾在此首演自己的作品，例如理查·施特劳斯、马勒、泽姆林斯基（Alexander Zemlinsky，1871—1942）、勋伯格（Arnold Schoenberg，1874—1951）、梅西安（Olivier Messiaen，1908 —1992），等等。

从门厅进入后就是宽敞开阔的休息大厅，墙面、柱子和顶棚都是统一的白色，唯一的装饰是柱子上的少量金色图案和造型简洁的金色方形吊灯，给人以一种清雅脱俗又不失高尚尊贵之感。在休息厅一侧，有一尊端坐着的贝多芬雕像，这尊神情庄严肃穆的雕像和马路对面贝多芬广场上的那一座形象姿态一模一样，不过那个是青铜材质的，而这个则是用白色大理石雕刻而成。正前方是铺着红色地毯、将人流引向二层气派的大楼梯，楼梯休息平台上装饰着大楼督造人弗兰茨·约瑟夫皇帝的白色纪念浮雕。

1. 新艺术（Art Nouveau）运动，十九世纪末、二十世纪初在欧洲和美国产生并发展的一次影响面相当大的"装饰艺术"的运动，其思想主要表现在用新的装饰纹样取代旧的程式化的图案，受英国工艺美术运动的影响，主要从植物形象中提取造型素材。在家具、灯具、广告画、壁纸和室内装饰中，大量采用自由连续弯绕的曲线和曲面，形成自己特有的富于动感的造型风格。

休息大厅中的贝多芬像

休息大厅内的大楼梯

大厅中的贝多芬像（作者手绘）

二层共有三个规模不同的音乐厅——大厅（Großer Saal，1865座）、莫扎特厅（Mozart-Saal，704座）和舒伯特厅（Schubert-Saal，320座）。这三个音乐厅虽然同层，却彼此完全独立，声音互不干扰，可以同时进行不同的演出。三个音乐厅的室内颜色也各不相同，分别呈红色、蓝色和黄色，其中红色的演奏大厅最为华丽辉煌，金色的装饰温馨耀眼，厅内拥有一架巨大的管风琴，不过由于其音管被巧妙地隐藏于舞台墙面精致的金属装饰后面，因此不会被直接看到。

该建筑的艺术风格可以说是历史主义、分离派[1]和新艺术风格的罕见结合，建筑建造的优良品质使它在过去的一百年里几乎一直维持着原貌。1998年至2001年维也纳音乐厅进行了改造更新，包括局部重建、部分翻修、设备更新，还有一个新建项目——地下一层的贝里奥厅（the Berio-Saal，400座）。

时间原因，这个音乐厅我没有来得及听上一场音乐会，但是建筑师的“职业病”促使我进去上上下下仔细参观考察了一番。离开的时候，我在音乐厅一侧的旁门外面，意外地发现了一左一右两块纪念牌——分别是为纪念伯恩斯坦（Leonard Bernstein，1918—1990）和马勒而设，其中一块上面有着伯恩斯坦的名字和五线

演奏大厅

维也纳音乐厅的剖面图

1. 分离派（Secession），1897年维也纳学派中的部分成员成立的新的艺术派别。主张造型简洁和集中装饰，装饰的主题采用直线和大片光墙面以及简单的立方体。其代表人物有画家克里姆特；建筑家和设计师瓦格纳、霍夫曼、奥布里奇、莫塞等人。其中克里姆特和霍夫曼最负盛名。

谱，下面写着“指挥家、作曲家、钢琴家，于1948年5月28日首次来维也纳并在此演出”；另一块上面则雕刻着马勒清瘦冷峻的侧面像，并写着“1945年6月3日，这位伟大音乐家的艺术重返奥地利的文化生活”。我静静地凝视了那面马勒的青铜浮雕良久，心中默默向这位音乐巨人致以深深的敬意——没想到在这里意外地又一次与心中景仰的大师重逢了，这也算是旅行之中的小惊喜吧。

门外的伯恩斯坦和马勒纪念牌

4. 宫中的小厅音乐会——独具魅力的一种零距离音乐体验

查看维也纳的地图时你会惊讶地发现，这里以palais或palace（德文或英文的“宫殿”之意）开头命名的地点特别多。这些“宫”的规模大小不一，大到美泉宫、美景宫、霍夫堡宫等气势宏伟的皇家豪华宫殿，小到许多不显山不露水的私家深宅大院……说维也纳是一座宫殿之城一点也不为过！这些大大小小的“宫”几乎都是巴洛克式的古典建筑，并且基本都是围合式的院落布局。

在国家歌剧院附近的街道上，经常可以看到有穿着古代宫廷服装的人在推销音乐会的门票，这些音乐会大都是在一些中小型的宫殿建筑中举行的，有的是纯器乐演奏的古典音乐会，有的还搭配有歌剧、芭蕾等节目。这种宫殿中的小厅音乐会一般能容纳的观众在100人至400人之间，规模虽然不大，但是效果却非常好，十分值得尝试！

我第一次维也纳之行的五个夜晚一共听了四场音乐会，除了国家歌剧院和金色大厅各一场，我还欣赏了两场小厅音乐会——都是在街上临时随机购买的门票，且都给我留下了美好难忘的深刻印象。

小厅音乐会的好处有三。首先，大型音乐厅的音响效果会因为空间形状、声学设计的不同而差异较大，而小型音乐厅由于空间小，音效相对来说都比较好。其次，小厅的舞台与观众席位距离很近，乐迷们可以更真切地欣赏艺术家们的表演，甚至可以在演出后与他们亲切交流。最后，这些小厅大都隐匿于一些中小型宫殿建筑之中，可以在赏乐之余顺便感受一下巴洛克式古典建筑的魅力，收获更多的惊喜。

以下两处地点是我欣赏小厅音乐会的地方，那是完全不同于大厅音乐会的一种更亲密、更自在的音乐体验。

① 奥尔斯佩格宫（Palais Auersperg）

地　址：Auerspergstrasse 1，1080 Wien

电　话：+43 1 40107

奥尔斯佩格宫位于国会大厦附近两条大街交叉的十字路口，毗邻博物馆区，从U2地铁线的市政厅站出来步行3分钟即可到达。

这是一栋沿街一字型展开的三层古老建筑，它建成于1706—1710年，是由当时著名的宫廷建筑师约翰·伯恩纳德·费舍尔·冯·埃尔拉赫[1]和约翰·卢卡斯·冯·希尔德布兰特[2]共同设计的，著名的美泉宫和美景宫就分别是这两位建筑师的代表作。

三百年的沧桑岁月间，这栋建筑曾经几易其主并历经多次改造，但是唯一不变的是它始终具有的音乐会表演功能，据说海顿、莫扎特等音乐巨匠都曾在此进行过作品首演。在巴洛克式建筑云集的维也纳，它的外表并不十分显眼。不过从位于建筑中部的大门进入室内后，里面却是别有洞天。经过一个铺满红毯的低矮门厅后，访客要继续穿过一个欲扬先抑、两侧装饰有雕塑的过厅，然后步上一段笔直的台阶，休息平台的正中有一个精美的石雕喷水池，晶莹如玉的水珠从两只威风凛凛的雄狮口

1. 约翰·伯恩纳德·费舍尔·冯·埃尔拉赫（Johann Bernhard Fischer von Erlach，1656—1723），著名的奥地利建筑师，他的巴洛克建筑风格深刻地影响和塑造了哈布斯堡王朝的风格。本书中涉及的其代表作包括美泉宫、卡尔教堂、奥地利国家图书馆。
2. 约翰·卢卡斯·冯·希尔德布兰特（Johann Lukas von Hildebrandt，1668—1745），著名的奥地利建筑师和军事工程师，其作品对哈布斯堡帝国的建筑艺术有着深远的影响。本书中涉及的其代表作品包括美景宫和列支敦教区教堂（舒伯特的小教堂）。

中喷出，落在下面清澈见底的碧蓝色水池中，荡漾出一片波光粼粼的美丽涟漪。此时回过身来，才会看到眼前那空间豁然开朗的大厅——两条铺着红毯的大理石楼梯对称地从一左一右气派地延伸到二层平台，鎏金装饰、雕塑点缀的大厅在灯光的映照下显得华丽而高贵。

奥尔斯佩格宫外观

入口处近景

欲扬先抑的门厅

豪华的大厅

狮子喷泉

这栋建筑内共有11个大小不同的厅室，室外还有一个600平方米的私人花园，可以满足音乐会、宴会、舞会、婚礼、会议等不同活动的需求，能够同时容纳1000名客人。我欣赏音乐会的厅室叫作玫瑰骑士厅（Knight of the Rose Hall），是位于二层中心位置的一个椭圆形大厅，可以容纳340人同时欣赏音乐表演。大厅内的色彩柔和淡雅，肉粉色的石材墙壁、浅绿色的大理石壁柱、以及顶部周圈白色的浮雕装饰，在十几盏水晶吊灯和壁灯的照耀下散发着高雅迷人的光泽。

我欣赏的这场小型音乐会是由维也纳首都交响乐团（Wiener Residence Orchestra）的艺术家们表演的，这是一家1990年成立的小型室内乐团，他们在维也纳的多个音乐厅都进行演出，而奥尔斯佩格宫则是他们常驻的大本营（音乐会的门票可以直接去他们乐团的网站上购买）。这场时长一个半小时的音乐会非常精彩，演奏的曲目是从莫扎特到理查·施特劳斯的作品，时间跨度近两个世纪，都是大家耳熟能详的世界名曲，中间还穿插有歌唱家和芭蕾舞者的表演。玫瑰骑士厅的音响效果非常出色，能够那么近距离聆听古典音乐的演奏，真是一件令人非常愉悦和兴奋的事情！一想到昔日的王公贵胄请音乐家们来私家宫殿中表演感受也不过如此，我心里不禁为体验了一把欧洲贵族的生活而感到一阵窃喜和得意！

椭圆形的音乐厅

音乐家谢幕

② 施波恩宫（Palais Schönborn）

地　址：Renngasse 4，1010 Wien

电　话：+43 1 47872550

施波恩宫坐落在维也纳最热闹的内城区中心地带，离中央咖啡馆很近，距离著名的圣斯蒂芬大教堂步行只需十分钟。这里的建筑都是拥有几百年历史的老房子，地面由古朴的小块青砖铺砌而成，是一个非常适合步行的古老街区。

施波恩宫也是一座典型的三层巴洛克风格建筑，建成于1699年—1706年间，同样是由著名建筑师约翰·伯恩纳德·费舍尔·冯·埃尔拉赫（前面奥尔斯佩格宫的设计者之一，也是美泉宫的设计师）设计的。它最初的主人曾经是亚当·巴蒂亚尼伯爵（Adam Batthyány），从1740年开始至今则一直隶属于起源于神圣罗马帝国的施波恩家族。

这座颇具帝国风范的古典建筑平面并不十分对称，呈U形展开的房屋围合出一个

大厅内景

院落。室内布置有很多房间，可以提供举办音乐会、展览、庆典等不同活动的场地。主要交通空间的大理石楼梯左右对称且十分气派，不过与奥尔斯佩格宫相比，大厅的风格要朴素一些，没有那么多金光闪闪的装饰。

我在这里聆听了一场晚间的音乐会，地点是在二层一间叫作“红屋”（Red House）的小厅内。这间矩形平面的小厅果然是名副其实，室内墙壁是由大片的红色锦缎与镶着金色线脚的胡桃木板共同组合而成，绘制有金色藤蔓图案的白色天花板上垂下几盏巨大的水晶吊灯，红色的墙面上还装饰着几幅色彩鲜艳的抽象艺术画作，令人感到空气中散发着一股古典与现代相互融合的气息。这个小厅面积不大，大约可以容纳120名观众，气氛典雅温馨，令人颇感亲切。一支由八位艺术家组成的维也纳巴

音乐厅内景

音乐厅内景

洛克室内乐团（Vienna Baroque Orchestra）给我们带来了一场美好的音乐盛宴，他们演奏的曲目从莫扎特到维瓦尔第，从唐尼采蒂到柴可夫斯基，都是美妙动人的经典名曲（他们的演出门票可以在网站上直接购买）。我坐在很靠前的位置，音乐家们的演奏就响彻耳畔，无论是钢琴婉转悠扬的倾诉，还是弦乐缱绻温柔的低吟，声音都是如此真切丰满、细腻感人，令我深深沉醉其中，尽情享受着这个温馨美好的音乐之夜……这种零距离聆听古典音乐的感觉真是太美妙了，它带给人的是一种与在大型音乐厅里欣赏音乐会截然不同的视听感受。

音乐家们谢幕

卡尔教堂外观

山花上的浮雕是维也纳人民与黑死病抗争的情景；两边的圆柱则效仿古罗马的图拉真柱，分别代表信念与勇气；门口两侧伫立着两位天使雕塑，各自象征着《圣经》的《新约》和《旧约》。

有着近三百年历史的卡尔教堂见证了很多难忘的历史时刻，马勒的婚礼、小施特劳斯的婚礼以及布鲁克纳的葬礼都是在此举行的，连童年的莫扎特也曾经来此玩耍。跨进这栋历史建筑的大门后，我一下子就被它的美所震慑了。教堂的椭圆形穹顶非常高大，上面画满了形象生动的彩色宗教故事壁画；金箔装饰和暖色大理石的应用使得教堂显得色泽华丽且温暖人心，顶部洒下的光线引导着人们沿着主轴线向前行走。教堂的正前方是主祭坛，描绘圣人在天使簇拥下升入天国、空中光芒万丈的雕像生动而圣洁，令人不禁从心底升起敬意；明亮的光线通过圣坛上方的圆形窗洞照射进来，沐浴在那温暖的金黄色调之中，人的内心也会变得无比柔软，仿佛感受到了宽厚仁慈之爱……

教堂内景

主祭坛

椭圆形的穹顶

我一边欣赏着这座辉煌的教堂，一边想象着1902年的那个下午，马勒和阿尔玛[1]是怎样含情脉脉地在圣坛前面许下了海誓山盟……他们一个是声名显赫、步入中年的维也纳国家歌剧院总监，一个是年轻美丽、酷爱艺术的维也纳社交名媛，可以说是郎才女貌的完美结合。然而，马勒怎会料想到，几年后他们的婚姻生活会出现问题，阿尔玛会红杏出墙，带给他无尽的忧伤……世事难料，人生无常，谁也不可预知未来啊。

1. 阿尔玛·玛利亚·辛德勒（Alma Maria Schindler，1879—1964），吸引了众多艺术天才的奇女子。第一任丈夫是伟大的音乐家马勒，第二任丈夫为现代主义建筑四大师之一、包豪斯风格的创始人格罗皮乌斯（Walter Gropius），第三任丈夫为诗人、剧作家、小说家魏菲尔（Franz Werfel）。此外，阿尔玛还曾与画家克里姆特（Gustave Klimt）、作曲家泽姆林斯基（Zimlinsky）、画家柯克西卡（Oskar Kokoschka）恋爱。她的父亲是奥地利著名的风景画家埃米尔·雅各布·辛德勒（Emil Jakob Schindler），继父是风景画家卡尔·摩尔（Carl Moll）。

穹顶上的壁画和圆窗

通往最高点的钢梯

我一边抬头仰望着巨大的穹顶，一边感到纳闷——怎么会有钢脚手架一直搭到了屋顶呢？恐怕是在维修吧。正琢磨着，忽然看到一群人从脚手架下面走了出来，原来这是通向穹顶的临时电梯！于是我也壮着胆子上了电梯，要知道，这还是我第一次攀登教堂的穹顶呢！不过电梯只能到达穹顶底部的平台，剩下的十来米高度只能借助钢梯走上去。说实话，我有点恐高，况且钢梯一踏上去还有点晃，我根本不敢向下看，否则双腿都会发抖。硬着头皮一路向上走，当我终于战胜了恐惧、走到了72米高的穹顶最上端时，心里不禁升腾起一种战胜了自我的喜悦和骄傲！此刻我的心情无比激动，因为周围栩栩如生的壁画和精雕细琢的圆形窗口都触手可及；透过圆窗，更有蔚蓝明澈的天空和维也纳旖旎的城市风光可以眺望欣赏！这一切是如此令人心旷神怡，仿佛灵魂插上了自由的翅膀，尽情遨游在维也纳的城市上空！

卡尔教堂并不是免费开放的，因此人不是很多。成人票需要8欧元，不过由于可以乘坐观光电梯登上穹顶并饱览周边秀色，因此还是非常值得参观的。

我登上了教堂的穹顶最高处

卡尔教堂（作者手绘）

2. 列支敦教区教堂（Lichtental Parish Church）——舒伯特的小教堂

地　　址：Marktgasse 40，1090 Wien

电　　话：+43 1 3152646

温馨提示：开放时间每日上午9:00至午夜

从舒伯特（Franz Schubert，1797—1828）的诞生地博物馆出来，穿过狭窄的小巷向东步行不到300米，就是另一处和舒伯特密切相关的地点——列支敦教区教堂，也被称作舒伯特教堂。

这座教堂由查理六世奠基于1712年，建造完成于1730年，迄今已有近三百年历史，据说是由著名建筑师约翰·卢卡斯·冯·希尔德布兰特（美景宫的设计者）设计的。它是一栋从巴洛克风格向新古典主义过渡的建筑，朴素的外墙被粉刷成米黄色，外表也没有多余的装饰，左右各耸立着一个蓝色穹顶的钟塔。教堂的门口两侧，分别是舒伯特的头像浮雕、纪念牌和耶稣受难的雕像。教堂的内部倒是比外表要华丽许多，浅蓝色与白色搭配的墙面上点缀着流畅的金色线脚，清雅之中不失高贵。一系列椭圆形的穹顶上绘制着美轮美奂的彩色宗教壁画，教堂两侧一盏盏烛光水晶吊灯闪耀着温馨柔和的光芒，入口上部的二层还有一部巨大的管风琴，整座小教堂的气氛是如此神圣肃穆、宁静安详。

这座小教堂与舒伯特有着不解之缘。舒伯特的父母1785年就是在此处举行的婚礼；1797年2月1日，刚刚出生的第二天，襁褓中的舒伯特便在这里接受了洗礼；11岁时舒伯特担任起了这个教堂唱诗班的第一男高音，用纯净的童声诠释着圣歌。同时他还在

教堂门外的舒伯特头像浮雕及纪念牌

教堂外景

此演奏小提琴和管风琴，并担任了十年的管风琴师，是这里名副其实的教堂首席音乐家，充分展现着他的音乐才华。1814年9月25日，为庆祝教堂100周年纪念日，17岁的舒伯特创作了生平第一部庄严的弥撒曲，那是一首可以和贝多芬同类作品相媲美的杰作，在首演时便大获成功。到1816年，舒伯特已经创作了17部教堂音乐作品，其中有4部是为这个教堂所写的弥撒曲。列支敦教区教堂具有悠久的古典音乐传统、足够的空间和良好的音效，加上舒伯特的缘故，这里经常举办各种音乐会、合唱节等，演奏和演唱的基本上都是舒伯特的音乐作品。

教堂内景

教堂内的管风琴

其实与这座小教堂结缘的音乐家可不止舒伯特，老施特劳斯也是在这里举行的婚礼呢！

从小教堂出来，迎面看到的是一个简朴的小花园，草坪上伫立着一尊舒伯特的青铜胸像。这尊纪念雕像落成于1975年、舒伯特协会成立一百周年之时，颜色已因风吹日晒而氧化变色，却有一种岁月浸染、饱经风霜的沧桑与斑驳之美。我在喜爱的作曲家塑像前合影留念，心里忍不住为舒伯特的英年早逝而暗暗叹息。但愿他的灵魂在这座有神灵和音乐庇护的小教堂中能够得到告慰！

屋顶的壁画

我在舒伯特雕像前留影

3. 圣斯蒂芬大教堂（St. Stephen's Cathedral）——维也纳的城市名片

地　　址：Stephansplatz 1，1010 Wien

电　　话：+43 1 515523530

温馨提示：开放时间周一至周六6:00—22:00，周日7:00—22:00

圣斯蒂芬大教堂是维也纳的城市名片，也是老城区的地标性建筑，它坐落于维也纳老城区的心脏位置，是每一位游客的必到之处。本书封面上那幅画，主角就是圣斯蒂芬大教堂。我在作画时搜集了很多维也纳的风光图片作为参考，最终选择了这张黄昏时分斯圣蒂芬大教堂屋顶视角的城市鸟瞰图，因为它最能代表维也纳这座魅力之城。

仰望大教堂

教堂局部和附近的街景

和很多历史悠久的大教堂一样，圣斯蒂芬大教堂也是一直处于建造和维护的循环往复之中。我第一次来维也纳时就正好赶上它在维修，因此没能进入；而第二次故地重游，才终于得以一睹它室内的真容。U3地铁线有斯蒂芬广场（Stephansplatz）这一站，随着地铁的自动扶梯缓缓升上地面，气势雄伟、直冲云霄的大教堂便逐渐映入眼帘，给人以巨大的视觉冲击力。由于周边就是狭窄的街道和密集的建筑物，你会发现很难拍全一张人视角度的大教堂照片。

圣斯蒂芬大教堂的悠久历史可以追溯到中世纪。它最初的基石奠定于十二世纪，朝西的主入口部分始建于十三世纪，是浑厚敦实的罗马建筑风格；后来先扩建的南塔为挺拔向上的哥特式风格，之后再扩建的北塔则为文艺复兴风格。经过几个世纪的建造，这座教堂成为集欧洲几大古典风格于一身的混合风格建筑，完美诠释了在历史长河中多种建筑艺术是如何相互包容、和谐并存的。令人惊讶的是它在“二战”期间居然幸存了下来，尽管后来曾遭受到火灾，但在战后得以进行了大规模的修复。教堂的斜坡屋顶共由23万片彩瓦组成，黄、绿、黑、白、棕等多种颜色组成的图案非常醒目，其中还有代表哈布斯堡王朝的双头鹰标志。圣斯蒂芬大教堂的地位相当重要，历代奥地利皇帝的加冕典礼和葬礼都是在这座大教堂内举行的。

大教堂的形体是不对称的，总共有四个尖塔。其中最引人注目的南塔高达136.7米，高度仅次于德国的科隆教堂和乌尔姆教堂，因此它也是世界第三高的教堂。通向南塔的台阶共343级，体力好的话可以登顶俯瞰全城。高耸入云的南塔是维也纳的地标，也是旅行者的“指南针”——只要你在内城区，无论从哪个地方都可以看到它，从而辨别出自己的方位。在文艺复兴风格的北塔内，则悬挂着欧洲第三大教堂铜钟，可以乘坐电梯直达。

来参观大教堂的游客络绎不绝，当你随着人流步入教堂时，你会为它内部的宏伟浩荡、辉煌壮丽而感到惊讶和震撼。两排哥特式的高大束柱与顶部的骨架券连为一体，给人以一股强烈的动感和向上升腾的力量，令人的意念随之奔向云端，到达最接近上帝和天堂的地方……这正是建筑艺术对宗教精神的成功体现吧。虽然室内只有一部分区域是免费开放的，不过这已足以让你感受到圣斯蒂芬大教堂那摄人心魄的神圣气氛。如果你有时间和兴趣，可以仔细欣赏教堂内部的精美石刻，那巧夺天工的精湛技艺真是令人叹为观止！

教堂内景

教堂内景

大教堂室内精美的石雕

有着八百多年历史的圣斯蒂芬大教堂也记载了音乐史上很多辉煌的时刻。比如，这里曾经举办过三个著名的婚礼——海顿与妻子凯勒（1760年）、莫扎特与妻子康斯坦泽（1782年）以及小约翰·施特劳斯和他的第一任妻子杰蒂（1862年），大教堂见证了他们几对伉俪许下婚姻诺言的神圣时刻。此外，少年时代的海顿曾经是斯蒂芬童声合唱团的成员，后来因为变声才迫不得已离开了合唱团；莫扎特的两个孩子也在这里接受了洗礼。最令人意想不到的是，那位写下“史上最受欢迎的古典音乐”——《D大调卡农》的作曲家约翰·帕赫贝尔（Johann Pachelbel，1653—1706）竟然也曾与圣斯蒂芬大教堂结缘！帕赫贝尔是德国作曲家，他当年追随老师普伦次在1672年前往维也纳，并在圣斯蒂芬大教堂担任了五年之久的管风琴师呢！

历史就是这样不可思议，同一地点、不同时间，很多伟大的人物都曾在同一片屋檐下驻足停留。对于爱乐者来说，在圣斯蒂芬大教堂内感受那些音乐大师们留下的气息是一种难忘而激动的体验。圣斯蒂芬大教堂不仅是一个敬拜朝圣的地方，而且拥有迷人的音响空间。大教堂内不定期地举行一些音乐会，观众可以提前在其官网上查看和购票。

4. 圣米歇尔教堂（St. Michael's Church）——圣米歇尔广场边上的老教堂

地　　址：Michaelerplatz 4-5，1010 Wien

电　　话：+43 1 5338000

温馨提示：开放时间周一至周五7:00—22:00，周六日8:00—22:00，教堂提供导游，但须提前与教区办公室电邮联系

圣米歇尔广场是一个圆形的广场，也是维也纳第一区中最重要的交通枢纽，几乎每个旅行者都不可避免地会经过这里。它位于煤市街（kohlmarkt）、绅士街（Herrengasse）等五条街道的交汇中心，而且周边有很多重要的建筑——南面是哈布斯堡王朝留下的霍夫堡皇宫，北边是开创现代主义之先河的路斯楼（“建筑之旅”部分有详细介绍），东侧则是拥有八百年历史的圣米歇尔教堂，它们都面朝圣米歇尔广场，给这个小广场带来了一种深厚而独特的历史感。值得一看的还有广场上一处在1990年时挖掘出的考古遗址——神圣罗马帝国时代留下的居住地残迹。暴露在广场上的一隅废墟就好像揭开了悠长深邃的历史那神秘面纱的一角。这处遗址在圣米歇尔广场的展示是奥地利著名建筑大师汉斯·霍莱茵（后面的“建筑之旅”中会详细介绍他和他的作品）设计的，那古老的残垣断壁令人不禁对这座城市所拥有的辉煌灿烂历史感慨万千。这里是步行区，经常有复古的观光马车从砖石地面上经过，那戏剧性的场景让人感到仿佛穿越到了十八世纪。

圣米歇尔教堂是维也纳最古老的教堂之一，它始建于1220年的罗马帝国时代，而今依然保留有那个时代留下的烙印——教堂一进门的左手处就是建于罗马时代的一个拱门。教堂内部的墙、柱

圣米歇尔广场上的教堂、霍夫堡宫和考古遗址

和拱券都是十四、十五世纪修建的，呈现出哥特式风格；朝西的主要立面则是在十八世纪被改造成了当时流行的巴洛克式风格——入口处的山花上面有三组雕塑，形象是姿态各异、插着翅膀的天使。教堂的外墙是朴素的白色，立面呈不对称式构图——右侧异军突起的一个顶部尖细纤长、哥特式风格的钟塔，俨然成为了这个小广场上的制高点。自1792年起，圣米歇尔教堂就一直保持着人们现在看到的这种模样。

由于教堂地理位置的特殊性，它曾经一度是哈布斯堡王朝皇室的教区教堂。此外，圣米歇尔教堂还有个奇特的地下墓穴，该墓穴创建于十六、十七世纪，当时周边的墓地都关闭了，因此有几千人被埋葬在这里，其特殊的环境条件使得尸体不会腐化。这个地下墓穴可以参观并提供导游讲解（周四至周六11:00—13:00，成人

教堂外观

教堂内景

收费7欧元），你可以在神秘的地下室中看到几百口古老的棺材甚至木乃伊，其中的名人包括十八世纪欧洲著名的剧作家彼得罗·亚萨蒂亚西奥（Pietro Metastasio，1698—1782），他曾为莫扎特的一些歌剧创作了剧本。

圣米歇尔教堂并不大，教堂尽头的中央是一个雕刻繁复、高大精美的主祭坛，众多的人物形象被刻画得栩栩如生；祭坛左右各有一个建于不同年代的小礼拜堂，分别是圆顶的巴洛克风格和尖顶的哥特风格。教堂入口处的二层则有着维也纳现存最大的巴洛克式管风琴——落成于1714年的西贝尔管风琴（Sieber organ）。1749年，17岁的海顿就曾经在这里演奏管风琴。三百年来，圣米歇尔教堂一直沿袭着演奏巴洛克音乐的传统，来自音乐学院的学生和音乐家们都喜欢在这里进行表演；直至今天，教堂里仍然会经常举办精彩的演出。

圣米歇尔教堂似乎和莫扎特也有着不解之缘。1783年，莫扎特从萨尔茨堡来维也纳寻求发展，他曾在这间教堂里举办了自己的音乐会首秀，并大获成功。他的两个孩子也在这里接受了洗礼，可惜后来都不幸夭折了。1791年，莫扎特去世后的第五天，他的传世之作《安魂曲》在这座教堂里举行了首演。《安魂曲》是莫扎特的最后一部作品，尚未完成他就撒手人寰了（后来由他的学生续写完成）——谁能料到，这部遗作竟然成为了他写给自己的安魂曲……

西贝尔管风琴

音乐家故居

Former Residences of Musicians

1. 莫扎特故居（Wien Museum Mozart Apartment）
——圣斯蒂芬大教堂边上的费加罗小屋

地　　址：Domgasse 5，1010 Wien

电　　话：+43 1 5121791

温馨提示：开放时间每日10:00—19:00，室内禁止拍照

沃尔夫冈·阿玛多伊斯·莫扎特（Wolfgang Amadeus Mozart，1756—1791）是奥地利萨尔茨堡人，我去萨尔茨堡旅行时，曾经参观过他出生的公寓以及他的故居博物馆。在他短暂的36年人生旅途中，最后十年的黄金时光都是在维也纳度过的。莫扎特在维也纳的住所曾经有十三处之多，目前仅有一处被改造为他的故居博物馆。

莫扎特故居的背面

莫扎特故居门前的小巷

我在莫扎特故居正门入口处留影

这间莫扎特故居坐落在维也纳最著名的历史中心区，隐匿在一条叫作教堂街（Domgasse）的小巷之中，著名的圣斯蒂芬大教堂则近在眼前。这周边的一切都几乎保持着十八世纪的原貌，古老的房子和有些凹凸不平的砖石路，偶尔还有载着游客的马车经过，置身于此真令人恍若隔世。这座音乐家故居是维也纳所有音乐家故居中游客最多的，一方面是由于莫扎特的鼎鼎大名，另一方面也是因为它优越的地理位置。不过，这家故居博物馆也是维也纳唯一一个室内不允许拍照的音乐家博物馆，据说是因为有些展品为私人所有。

这是一栋五层的浅色建筑，首层的入口是一个拱形门洞，莫扎特的博物馆占据了建筑底部的三层。莫扎特原来的居所位于这栋建筑首层，二十世纪中曾以“费加罗小屋”（Figaro-Haus）之名对外开放；2006年莫扎特诞辰250周年之时，二三层和地下室也被征用改造，连同首层一起合并为莫扎特故居博物馆，用以向全世界的莫扎特乐迷们展示这位音乐天才的生活、工作和重要作品。

参观这栋博物馆的路线建议从三层开始，由上而下。首先在三层浏览莫扎特时代、十八世纪下半叶的维也纳城市面貌，这里的亮点是旧时维也纳的地图与描绘城市风光的画作，与今天的大都市形象形成有趣的对比。接下来，游客可以在二层欣赏维也纳当年的音乐盛世和莫扎特的音乐作品，特别是歌剧。在这里，你会看到与莫扎特同时代的一些音乐家，包括被电影《莫扎特传》（*Amadeus*）描写为加害莫扎特的宫廷乐师安东尼奥·萨列里（Antonio Salieri，1750—1825）；你可以欣赏莫扎特的一些著名歌剧，包括他在此处居住期间创作出的《费加罗的婚礼》。先进的视频装置可以播放很多令人愉悦的音像节目，展示多个不同的现代表演。最后，你会到达博物馆中最重要的部分——首层的莫扎特公寓，这是维也纳莫扎特居所中唯一保存完好、也是最舒适宽敞的一套，由四个大房间、两个小房间和一个厨房组成；1784至1787年，莫扎特和妻儿一起居住在此处，度过了生命中最为幸福的一段时光，并创作出数量惊人的优秀作品。

和维也纳的其他古老建筑相似，这栋公寓楼的内部也有一个矩形平面的采光内天井，沿着天井布置的一圈儿走廊联系着各个房间；阳光从顶部的玻璃天窗上洒下来，让走廊里充满光明；深色的铁艺栏杆和窗框配上纯白的墙面，流露出朴素典雅的味道。

特别值得纪念的是这里还发生过两次足以被载入音乐史册的重要事件——1785年，53岁的海顿曾经出席过这里举办的音乐会，那场音乐会的内容是莫扎特（时年29岁）题献给海顿的六部弦乐四重奏中的后三部；1787年，16岁的贝多芬从德国远道而来，慕名前来向莫扎特求教音乐方面的问题……很难想象，两百多年前，在这间朴实无华的公寓内，维也纳古典乐派的三位代表人物都曾在这里有过交集并碰

采光内天井

撞出思想的火花；方寸斗室间都留有他们的足迹和气息，这真是太神奇了！在重叠交错的时空中，那片刻与大师们的精神交融，一定会令每一位古典乐迷感到激动和难忘。

另外，对于喜爱莫扎特音乐的朋友们，附近还有一处值得体验。在距离这个莫扎特故居几步之遥的歌手街（Singerstrasse）7号，有一个叫萨拉·泰雷纳（Sala Terrena）的小型音乐厅（类似我前面在小厅音乐会中提到的那些厅），它是维也纳最古老的音乐厅之一，迄今已有八百多年历史；1781年，莫扎特曾在那里进行过几场演出。

那些故居大部分只在外面挂个纪念牌，写明贝多芬何年何月曾在此居住过，而目前真正对外开放的只有郊外海利根施塔特的贝多芬博物馆和市中心区的帕斯克拉蒂小屋这两处他的故居。

帕斯克拉蒂小屋（Pasqualatihaus）是以贝多芬的房东名字命名的，它位于市中心环城大道边上的一栋公寓楼中。这个地方十分好找，因为它前面的小广场上有一个非常醒目的金色雕像——那是为纪念1680年—1683年担任维也纳市长的约翰·安德烈亚斯·冯·里本伯格（Johann Andreas von Liebenberg，1627—1683）而修建的里本伯格纪念碑。据说1683年奥斯曼土耳其帝国攻打维也纳时，这位市长曾负责监督修建城市防御工事，纪念碑后面地势很高的台地正是当年遗存下来的城墙堡垒，而贝多芬故居所在的公寓楼就巍然矗立在旧城墙的红砖高台之上。临环城大道的一面，是一片种满绿植的陡峭山坡，帕斯克拉蒂小屋就掩映在一片葱茏的绿色之中。隔着环城大道，对面就是端庄大气的维也纳大学，因此这两处地方十分值得一并游览参观。

沿着倾斜的坡道缓缓前行，路上还会途经一家“舒伯特美第兰餐厅”（Restaurant Schubert Mediterran）——其实这家奥地利风味餐厅只是以舒伯特的名字命名，舒伯特并不曾来过，不过由此不禁令人感受到音乐之都中那弥漫萦绕、无处不在的古典音乐气息。感慨之中已渐渐登上了高台，一座白色外墙、深色坡顶的五层公寓楼

附近的舒伯特美第兰餐厅

就呈现于眼前，门口那红白相间的旗帜标志让我意识到这就是贝多芬故居的所在地了。

这是一栋完工于1797年的老建筑，当年是为玛丽娅·特蕾莎女皇[1]的私人医生帕斯克拉蒂·冯·奥斯特伯格男爵（Baron Pasqualati von Osterberg，1733—1799）建造的。在这所房子的外墙转角处，还装饰有帕斯克拉蒂家族的盾形纹章雕塑。后来男爵的儿子继承了房子，并成为了贝多芬的赞助人，为他提供了这处舒适的住所。1804年至1813年间，贝多芬曾经一次次从这里搬走，又一次次搬了回来；他在此处居住的时间累积长达八年之久，可见他对此处的偏爱。对于贝多芬这样一位勤于搬家的租客来说，这是他在维也纳最长情的一处住所。因此，把这里辟为他的博物馆也算是对这位乐圣的一种崇高的致敬和深沉的缅怀。在这里，他创作了他的《第四交响曲》《第五交响曲》《第七交响曲》《第八交响曲》和其他作品，包括他唯一的一部歌剧《菲岱里奥》。还有，那首人们都喜闻乐见的钢琴曲《致爱丽丝》也是于1810年诞生在这座小屋之中。

我在贝多芬故居前留影（转角处的盾形纹章）

通向顶层的旋转楼梯

1. 玛丽娅·特蕾莎女皇（Maria Theresa，1717—1780），是哈布斯堡王朝唯一的女性统治者，23岁即成为奥地利大公、波西米亚国王和匈牙利国王，在位长达四十年，其父亲是神圣罗马帝国皇帝查理六世。

室内的展陈

室内的展陈

室内的展陈

贝多芬遗容面模

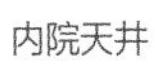

内院天井

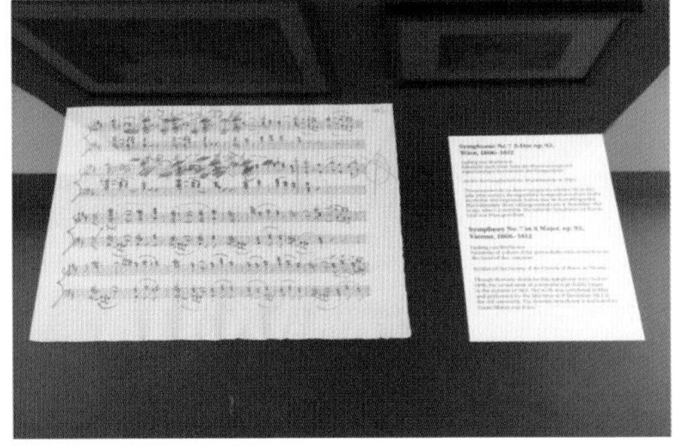

《第七交响曲》的手稿

贝多芬当年居住的房间位于四层，而如今被用做博物馆的房间则位于公寓的顶层，不过朝向同样都是面向环城大道，有着极为舒展开阔的视野。穿过公寓底层的大门，沿着一个窄小局促、石头踏步的旋转楼梯拾级而上，要颇费一番力气才能爬到顶层的博物馆。维也纳的公共交通虽然十分便利，但是很多古老的建筑内部却因为尺寸受限而无法安装电梯，这点确实给残障人士造成了一些不便。和维也纳的很多住宅楼相类似，这栋建筑内部也有一个露天开敞的方形天井，既能够采光又可以通风，围绕着天井的则是环形的走廊，可以通往不同的房间。

从窗口眺望维也纳大学

公寓正门入口

二楼窗口处的纪念牌

从公寓首层正中的拱形门洞钻进去，沿着左侧古旧的楼梯拾级而上，再穿过一段铺着花格锦砖的走廊，就到达施特劳斯的故居了。1863年至1870年间，施特劳斯和他的第一任妻子歌唱家杰蒂（Henrietta “Jetty” Treffz，1818—1878）就曾居住在这里二层的两套房间中，客厅和书房都面对着当时满是咖啡厅和剧场、充满文化气息的时尚街道。在此居住的几年也是这位作曲家乐思如泉涌、创作最丰富的一段黄金时光，杰蒂是一位出色的女中音，她比施特劳斯大7岁，婚后她担任了他的私人秘书和抄谱员，对施特劳斯的音乐事业产生了积极的影响。在她的鼓励下，施特劳斯申请了宫廷舞会音乐总监的职位，并于1863年得到了这一荣耀头衔。在此居住期间，施特劳斯还去法国、俄国、美国等地巡回演出，逐渐享有国际声誉，事业发展得如火如荼。

二楼的博物馆入口

室内展陈

施特劳斯的遗容面模

施特劳斯的头像雕塑

1866年末至1867年初，42岁的施特劳斯在这里谱写出了广为流传的《蓝色多瑙河》，从此奠定了他“圆舞曲之王”的地位。这支圆舞曲风格的管弦乐作品以明亮华丽的旋律和活泼欢快的节奏著称，享有奥地利“第二国歌”之美誉，并成为每年维也纳新年音乐会上的保留曲目。其实这栋公寓距离多瑙河确实不远，步行半个多小时即可到达。当年这里周边还是一片茂密的森林，施特劳斯常常穿过森林去多瑙河畔散步，也许就是这样的生活经历才激发他创作出了这支不朽的圆舞曲吧！1868年和1869年，在这间公寓中，作曲家又先后创作出了《维也纳森林的故事》和《醇酒美女歌声》两首著名的圆舞曲。

故居中展示了施特劳斯使用过的家具、乐器和他的作曲手稿，其中引人瞩目的是一架贝森朵夫牌三角钢琴，这是他那著名的钢琴制造家朋友路德维希·贝森朵夫（Ludwig Bösendorfer，1835—1919）送给他的礼物，而钢琴旁边展示的则是施特劳斯年代维也纳舞会上女士穿着的礼服。这里还有艺术家们为他创作的诸多漫画、油画画像以及胸像雕塑；在一个玻璃罩内，陈列着作曲

贝森朵夫牌三角钢琴和舞会上的女士礼服

家的遗容面模，他那标志性的茂盛胡须每一根都清晰可见。据说施特劳斯非常重视自己的仪表，他的服装和胡须一向都保持着最时髦的样式；晚年时他总是将自己的头发和胡须都染成黑色，以显得比实际年龄年轻许多。

故居内还展示有施特劳斯的生平和他的珍贵照片，在这里，你会对这位经历了三次婚姻、爱好台球与纸牌的作曲家有个更为全面的认知。他在发妻杰蒂病逝后六周就和一位放荡的女演员结了婚，后来他们各方面的分歧和矛盾导致了施特劳斯强烈要求离婚；由于天主教不允许离婚，施特劳斯一气之下改变了宗教信仰和国籍，于1887年加入德国国籍，并迎娶了第三任妻子——一位德国女性。这位贤妻也十分支持并激励他的创作，促使他晚年也写出了不少优秀的作品。

博物馆内还介绍了施特劳斯的其他几处公寓以及当年的维也纳舞厅、音乐厅，令人对那个圆舞曲盛行的年代建立了一些感性的认识。这里展示的资料还涉及施特劳斯家族的其他几位音乐家，包括他的父亲、被称为“圆舞曲之父”的老施特劳斯（Johann Strauss I，1804—1849），以及他的两位作曲家兼指挥家兄弟——约瑟夫（Josef Strauss，1827—1870）和爱德华（Eduard Strauss，1835—1916），前者把贝多芬的作曲手法融入了圆舞曲创作之中，后者则带着施特劳斯乐团周游列国，将圆舞曲传播向全世界。不得不承认，这一家人的音乐基因真是超级强大，他们共同成就了维也纳的施特劳斯圆舞曲音乐王朝，书写了十九世纪古典浪漫主义轻音乐的新篇章。

在这间故居博物馆，你可以静心坐下来，用耳机播放系统聆听施特劳斯创作的著名音乐，在弥漫着作曲家生活气息的房间里感受他那永生的伟大灵魂，透过那欢快的音符品味他洒向众人心中的灿烂阳光……

施特劳斯家族的照片

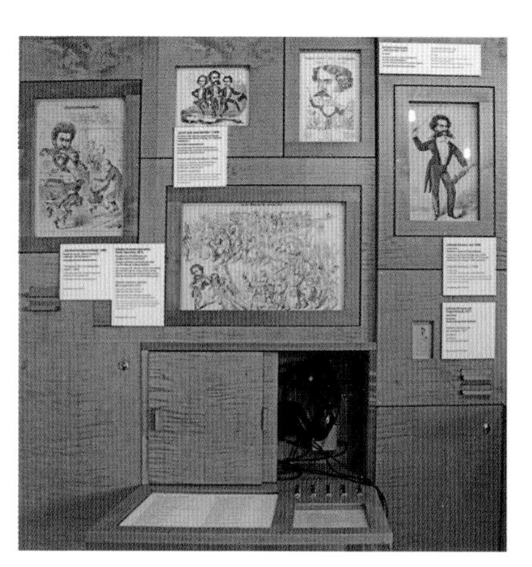

耳机播放系统

4. 马勒故居——美景宫边上的大师寓所

地　址：Auenbruggergasse 2，1030 Wien

温馨提示：私人公寓，有门禁

古斯塔夫·马勒是我心目中最伟大、最令我崇拜的音乐家，没有之一。原因其实很简单，虽然我喜爱的音乐和作曲家有不少，但是唯有马勒的交响曲能够深深触动我心灵中最隐秘、最敏感的一隅，那音乐令我浑身的每一个细胞都发出震颤，使我感动到热泪奔流……马勒是一位后浪漫派的作曲家，也是十九世纪德奥传统与二十世纪早期的现代主义音乐之间承前启后的桥梁。他继承了贝多芬、瓦格纳、布鲁克纳、勃拉姆斯等德奥大师的衣钵，并将前人的成就运用到了自己的音乐中，转化为自己独特的特征。在交响乐领域的创作中，他对人声合唱和标题音乐的运

黄昏时分的公寓大楼

公寓入口的大门

门口的纪念牌

首层入口处的公共通道

用、突破传统四乐章结构的尝试等，都使得他将交响乐这一体裁发展到前所未有的壮阔景象。马勒也是促使我下决心来维也纳旅行的原动力，因为我太想来看看这个心中偶像曾经生活过的城市，来感受他的气息、追寻他的足迹。

那天参观完他与阿尔玛举行婚礼的卡尔教堂后，已经接近黄昏，由于他的故居就在附近，我决定去拜访他曾经的寓所。从教堂出来后继续向东步行十来分钟，就到达奥恩布鲁格巷（Auenbruggergasse）2号的马勒故居了。其实这座公寓就坐落于美景宫最北端附近，距离他执棒的国家歌剧院也不远，步行不过十五分钟。在马勒为歌剧院工作的那些年里，他不知曾经在这条路上往返过多少次啊！想到自己脚下的道路可能正是一百多年前马勒通勤的路线，我情不自禁放慢了脚步，凝视着道路两旁那些巴洛克式的老建筑，它们都曾是历史的见证者啊！我的脑海中浮现着时空交错的一幕，心头不禁一热，泛起一阵感动的涟漪……

不知不觉走到了马勒故居门口，这是一栋朴素大方的五层住宅楼，白色的立面采用了简洁的横向线条装饰，仅在入口和部分墙面上有些植物纹样的图案点缀。我在做攻略时已经发现，它竟然是奥地利最著名的建筑大师奥托·瓦格纳（“建筑之旅”部分会涉及不少他的作品）的手笔！从这栋住宅楼的设计中可以看出，大师已经在尝试从古典主义向现代主义迈进了。大门边上黑色的石牌上赫然刻着“Gustav Mahler”的名字和他居住于此的时间“1898—1909”。这是马勒居住得最久的地方，他担任歌剧院院长期间的寓所。更难得的是这栋建筑在“二战”中居然毫发无伤，是一栋见证了世间爱恨情仇、饱经岁月风霜洗礼的真正历史建筑！

优雅的老式楼电梯交通核

绿色的大门紧闭着，由于有门禁，我只好等在外面“守株待兔”。直到十来分钟后才有一位女士下班回来，我连忙上前说明是马勒的乐迷，来这里是想瞻仰下他的故居，于是女士友好地允许我和她一起进入公寓。走进大门后，先要经过一段笔直的公共通道，然后才能看到左右两侧完全对称的单元。没想到，这里的交通核非常具有历史年代感——竟然是一部我在电影中才见识过的老式电梯和优雅环绕着它的螺旋楼梯！楼梯的曲线优美动人，木扶手和铁艺花饰栏杆也典雅大方。每侧一层只有两个住户，与扶手同样材质的木门端庄大气，门楣上有着细腻精致的雕花装饰。

毋庸置疑的是马勒曾经居住在这里，但

优雅的老式楼电梯交通核

是谁也说不清当年他究竟住在哪个房间。这里都是私人住户无法参观，唯独二层有一家旅行社，我在客气地说明自己是从中国远道而来的马勒乐迷后，被幸运地允许进入参观和拍照。只见这里临街的一面是三个大房间，隔着一条长走道的另一侧则是几个小隔间，房间布局的确和我在“音乐屋”博物馆所见的马勒住宅平面图非常接近（“音乐屋”在“音乐之旅”部分中的“其他”一节中有详细介绍）。

于是我怀着朝圣一般的心情，用缓慢而虔诚的步履上上下下地走遍了左右两个单元的五层楼梯，我的手轻柔地抚过有点褪色的木质扶手，想象着我脚下踏过的楼梯、我触摸过的这些扶手，都可能是一百多年前马勒曾经走过、摸过的，心里不禁百感交集，泪水不由自主地就漫出了眼帘……一时间，我感到自己和这位音乐巨人的距离是如此之近。

5. 海顿
度晚

地 址
电 话
温馨提示

弗
的故居
里。海
Strass
了纪念
顿巷（
海

精美的户门

旅行社的玄关

从海顿街

室内的长走廊

Skizze der Wohnung Auenbruggergasse 2

马勒故居的平面图（摄于“音乐屋”博物馆）

海顿故居正门

从入口大门看向内院

从花园看向内院

期，他们是维也纳古典乐派的三位代表人物，其中海顿最为年长，他影响了比他年轻24岁的莫扎特和小他38岁的贝多芬。他是莫扎特的朋友，也是贝多芬的老师。莫扎特和贝多芬分别活了36岁和57岁，而且在世时都生活得并不富裕，从维也纳数量众多的贝多芬故居便可得知，他没有安稳的住所，经常要被迫搬家。可是海顿却活到了77岁高龄，而且由于他在匈牙利艾斯特哈奇亲王府担任了三十年的宫廷乐长，因此有着长期稳定的收入。后来他拿到了一笔丰厚的退休金，回到家乡维也纳养老，他购置了这栋当时算是位于郊区的房产，并把它加建了二层。从1797年迁入，到1809年去世，海顿在这里安度了平静的晚年。

在那条环境幽静的深深窄巷中，这栋灰色外墙、白色窗口、棕色大门的二层小楼显得那么朴实无华。很难想象，海顿晚年的两部重要作品——气势辽阔的清唱剧《创世记》和《四季》就诞生在这狭小、平凡的空间内。小院临街的门口一左一右种植了两棵大树，它们算是海顿街上唯一的高大植物了，据说正是后人为了纪念作曲家的两部旷世杰作而栽种的。

博物馆的展览以海顿的音乐创作和日常生活为中心，记录了他在这里生活的人生阶段。被称作“交响曲之父”“弦乐四重奏之父”的海顿是一名多产而有才华的作曲家，他一生创作的作品数量之可观、种类之广博都令人惊叹不已。海顿搬来此处时已经年逾花甲，他的名望和声誉此时都已如日中天；他在国际上享有盛誉，受到了同行作曲家们的赞赏和音乐出版商的推崇。在这里，海顿经历了他一生中创造力旺盛、硕果累累的最佳创作时期之一，正如他自己所形容的：“我的想象力在我身上演奏，就好像我是一架钢琴。”不过，垂暮之年的他身体也日渐衰竭，逐渐失去活力。在博物馆的展品中，有一张海顿最后的名片，上面写着一句充满伤感的挽歌：“我的力量已经耗尽，只剩下衰老和虚弱。”

这栋房子呈“U”字形平面布局，内部有一个十分漂亮的花园。经过精心的修复，现在房间的布局与海顿时代几乎完全一样。一楼被改造成展厅，展示了1800年左右维也纳和伦敦（因为海顿晚年曾几次去伦敦旅行）的城市风貌。海顿在此居住时曾有很多人慕名前来拜访，他们的肖像和对海顿的评价都被展示在楼梯间的墙壁上，其中就包括贝多芬。

室内展陈

楼梯间内的访客名人墙

室内展陈

故居的二楼陈列着海顿使用过的钢琴以及作曲家的遗容面模，还有书信、手稿等个人物件。这里还陈列了他曾获得的荣誉证书、奖章和礼物，据说海顿当年会很自豪地向来访的客人们展示他这些辉煌的业绩。漫步在这间简朴的故居博物馆中，就像徜徉在海顿丰富的音乐世界中，作曲家晚年生活的恬淡情景仿佛跃然眼前。

顺便要提及的是，二楼有一个房间被用作了勃拉姆斯的纪念室。勃拉姆斯生前也是海顿的狂热崇拜者。由于卡尔巷（Karlsgasse）4号的勃拉姆斯故居在维也纳工业大学（TU Wien）扩建时被拆除，一部分他曾经使用过的钢琴、家具等就被安置在了这里。这是维也纳唯一一间勃拉姆斯的纪念室，而真正的勃拉姆斯博物馆则位于德国汉堡的作曲家街区（Composers' Quarter），那里是他出生和成长的地方。我在后来的旅行中也去瞻仰了那里，那是一片为纪念勃拉姆斯等七位在汉堡生活过的作曲家而打造的音乐博物馆，其中给我印象最深的是马勒留下的纸卷钢琴珍贵录音，就好像面对面听他弹琴一样亲切动人，令人不禁潸然泪下。

海顿的乐谱手稿

从海顿的房间里参观出来，你一定会被那个铺着青石板、种植着茂盛植物的内院花园所吸引，它的存在令古老的故居焕发出一股朝气蓬勃的生机。花园里种植着一棵枝繁叶茂、遮天蔽日的栗子树，一阵风吹过，乒乓球般大小的棕色栗子竟然噼里啪啦地掉了一地，散落在绿色的草丛中。我坐在花园深处的一处座椅上，凝视着这个美丽可爱的地方，脑海中不禁浮现出当年海顿在庭院中一边怡然漫步、一边构思乐曲的情景……是啊，不知有多少美妙的灵感曾经诞生在这棵葳蕤的栗子树下呢！

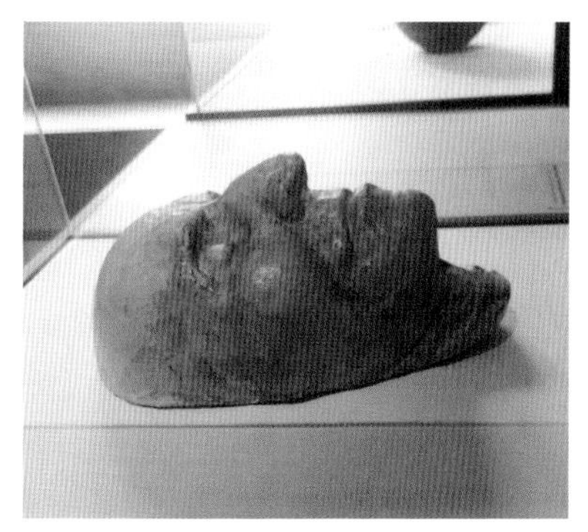

海顿的遗容面模

挂有舒伯特画像的展室

舒伯特的胸像和画像

这座博物馆创立于1912年，现如今二层的大部分房间都用于陈列1825年前与舒伯特的创作和生活相关的物品（他的后期作品和遗物则陈列在另一座他去世地点的博物馆中）。在这里，我看到了他曾经使用过的吉他和钢琴、他的作曲手稿，还有画家们为他绘制的多幅肖像。其中引人注目的是他在1820年使用过的一副眼镜，那是他的标志性符号，圆圆的镜框，镜片都已经有了裂痕。这里还有耳机播放系统，可以坐下来静静聆听舒伯特的音乐作品，《冬之旅》《罗莎蒙德》《鳟鱼五重奏》和《未完成交响曲》选段等。

舒伯特曾经说过：“我这一生只为作曲而活。”他的确是个高产的作曲家，在他短暂的一生中创作了超过一千部音乐作品，包括交响曲、室内乐、奏鸣曲、戏剧配乐等。不过他创作最多的还是旋律优美动人的艺术歌曲，多达600多首，真是无愧于“艺术歌曲之王”的美誉！其中最著名的歌曲有大家脍炙人口的《野玫瑰》《摇篮曲》等。他的作品有不少我都十分喜欢，那首婉转悠扬的《小夜曲》更是我大学时代弹奏过不知多少次的钢琴曲，每每聆听都令我沉醉于夜晚的美好与心灵的宁静之中。

舒伯特使用过的钢琴

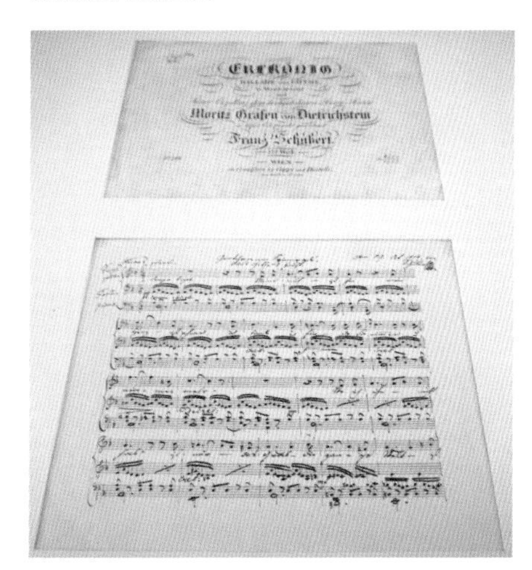

舒伯特的手稿

舒伯特的眼镜

然而舒伯特在世时并没有得到主流社会的赏识，他一生贫穷，没有婚姻也没有爱情。他曾经称自己是世界上最不幸、最可怜的人。他崇拜贝多芬，却不敢与他结识。贝多芬去世时，他是葬礼上36位执蜡烛的人之一；不曾想一年半后，他便被葬在贝多芬的墓旁……在这间陋室里，你可以真切地感受到作曲家那不朽的灵魂，每一件被岁月封尘的物品仿佛都流淌着淡淡的忧伤。

令人无比遗憾的是，舒伯特在25岁时不幸染上了当时被视为绝症的梅毒，以至于他生命中的最后六年都是在和病魔做斗争中度过的，其身体和灵魂上的苦痛与煎熬可想而知。虽然有说法认为他死于伤寒，但也有一种说法指出他晚期的病症与汞中毒十分相似，而汞正是十九世纪初用于治疗梅毒的必用药物。也许当年怀才不遇、经济窘迫的舒伯特只是借与欢场女子的一次纵情来排忧解愁，可没想到竟然付出了生命的沉重代价，实在是抱恨黄泉啊！

舒伯特像（作者手绘）

在生命最后的几年里，舒伯特仿佛是看到了死亡笼罩的阴影，于是愈加勤奋地创作，深刻而精彩的优秀作品层出不穷。他曾在日记中写道："我的创作来自于我对音乐和我自身悲伤的理解，我知道单纯发自悲伤的阴影是不会被世人所喜爱的。"这位一心向往贝多芬之崇高的年轻作曲家，终于悲壮地走向了一种永恒的伟大——透过对自己悲苦人生的思考，用音乐技法表达出来，将小我转为大我，体现了对人类苦难的深刻理解与悲悯情怀。

他去世前最后的遗作《C大调弦乐五重奏（D956）》是音乐史上最了不起的奇迹之作之一，我第一次听时就被深深打动。五把弦乐交织的旋律中，融入了作曲家忧伤、苦涩、欢乐、愤怒等五味杂陈的情感，能够充分唤起听者的共鸣并沉浸其中，是一部非常值得细细聆听和品味的室内乐极品。

7. 海利根施塔特（Heiligenstadt）——贝多芬度过夏天的美丽郊外

地 点 一：贝多芬故居，现为葡萄酒作坊（Beethoven-Wohnhaus）
地　　址：Pfarrpl. 2，1190 Wien

地 点 二：贝多芬博物馆（Wien Museum Beethoven Museum），又称海利根施塔特遗嘱小屋（The Heiligenstadt Testament House）
地　　址：Probusgasse 6，1190 Wien
电　　话：+43 664 88950801
温馨提示：开放时间周二至周日 10:00—13:00，14:00—18:00；周一闭馆

海利根施塔特位于维也纳的北部郊区，与格林津相邻，可以一并前去游览，只需乘坐U4地铁线至终点站即可，交通极为便

普法尔广场全景

利。它与维也纳森林相连，背后就是葡萄种植园，是个风景如画、安静优美的世外桃源，令人流连忘返。当维也纳夏季天气炎热之时，这里却格外凉爽，是个理想的避暑胜地。十八世纪这里发现了泉眼，并修建了水疗设施，很多人都慕名前来，用温泉水浴治疗各种病症。贝多芬也曾在夏季多次来此疗养和作曲，留下了点点滴滴的生活印迹，并写下了著名的《海利根施塔特遗嘱》。虽然维也纳市区内也有好几处和贝多芬有关的地址，但我却更喜欢海利根施塔特这个宁静的小乡村以及这里和贝多芬有关的一切。

1798年，贝多芬感到了自己听力的下降，这对他的演奏和创作都造成了困扰。1802年，32岁的贝多芬接受了医生的建议，来到维也纳郊外的海利根施塔特，期待这里祥和宁静的气氛有利于听力的恢复。那一年从四月到十月，贝多芬都在此度过，也给这个地方打上了深刻的烙印。

海利根施塔特真的是个空气清新、静谧怡人的好地方，周边有大片的田野，且盛产葡萄酒。贝多芬时期这里还是个小乡村，而今已成为郊外幽静的高档住宅区。我

到来时虽然是周末，但是游人和车辆都非常少。幸运的是，这里的街巷和风貌在两百年间变化并不大，绿树成荫的青青山坡、砾石铺路的悠长小巷以及简洁古朴的素色房子，令人仿佛置身于诗情画意的十九世纪欧洲乡村小镇。

漫步于海利根施塔特公园，在一片清幽茂密的树林中，我找到了贝多芬的雕像。身穿大衣的作曲家正背着手踱着步子，目光坚定地凝视着远方，向下低垂的嘴角显示出一股倔强，仿佛无言地表达着他绝不向命运低头的坚定态度。雕像是1910年落成的，迄今已百年，它惟妙惟肖地刻画出在海利根施塔特生活时期的贝多芬形象。

海利根施塔特的贝多芬故居有好几处。在狭长的普鲁布斯巷的尽头就是普法尔广场，这里有个尖顶的小教堂，旁边有一栋简朴的白房子，从门外的纪念牌来看，贝多芬在1817年曾经居住在此处，据说这是他构思和创作《第六交响曲》（也称《田园交响曲》）的地方。这里现在是个葡萄酒作坊，也有可供游客吃饭和品酒的餐厅，院里还有一尊贝多芬的雕像——作曲家低头站立着，双手放在胸前，好像正在祈祷着什么。

公园树林中的贝多芬雕像

贝多芬故居改造的葡萄酒作坊和餐厅

墙上的纪念牌和雕塑装饰

现为餐厅的贝多芬故居

院落中的贝多芬雕像

而普鲁布斯巷6号，就是贝多芬博物馆，又名海利根施塔特遗嘱小屋。穿过拱形的门洞便进入了一个不大的院子，院子的中央有一棵大树，贝多芬生活过的小屋则位于二层，他就是在这里写下了著名的《海利根施塔特遗嘱》。这里展示的有那份遗嘱的复印件、作曲家去世时的遗容面模，还有一些其他的遗物。1802年10月贝多芬在这里写下遗嘱，当时他已在此居住了半年，听力没有丝毫的恢复，万念俱灰的他给自己的两位弟弟写下了交待后事的遗嘱，字里行间充满了痛苦和绝望，甚至表达了轻生的念头："有人听到了牧歌，而我依然一无所闻。诸如此类，让我几乎绝望，这种遭遇再多一点儿我就会终结自己的生命。"然而这份遗嘱后来却被贝多芬束之高阁长达25年，直到1827年他去世后才被人们发现。

普鲁布斯巷6号的贝多芬博物馆

博物馆入口的门洞

博物馆的内院

室内展陈

遗嘱手稿复印件

《海利根施塔特遗嘱》成为了贝多芬人生中的一个转折点，它激发出了贝多芬的潜能，使他最终冲破了内心的牢笼，摆脱了精神的束缚；他重新审视了生命的意义，终于凤凰涅槃，浴火重生。

在海利根施塔特度过的夏天之中，贝多芬完成了《第二交响曲》《G大调钢琴奏鸣曲》《D小调钢琴奏鸣曲》等音乐作品；而离开海利根施塔特之后，贝多芬的创作才开始进入了真正的成熟期——1803年至1804年，他写出了激情澎湃的《第三交响曲》（英雄），该作品无论从篇幅、配器还是作曲技法，与他之前的作品相比都有了质的飞跃，是一部具有里程碑意义的重要作品。一边是肉体和心灵上的痛苦与挣扎，一边是对生命和快乐的向往与渴望，也许正是在这样极度矛盾的复杂情绪之中，贝多芬迸发出了前所未有、激情澎湃的创作能量。

此后的二十多年，是贝多芬创作的全盛时期。虽然听力的丧失使他无法演奏钢琴，但他的作曲能力却日趋成熟。失聪之后，贝多芬的创作灵感反倒多如泉涌。“上帝在为你关上一扇门的同时，也会为你打开一扇窗。”虽然上帝剥夺了贝多芬的听力，但却给他的心灵插上了自由的翅膀，令他终于挣脱了内心痛苦藩篱的禁锢，将心中的情绪尽情宣泄于音符构成的壮丽篇章之中。

海利根施塔特的田园风光真是旖旎迷人，沿着一条淙淙小溪，就是著名的贝多芬小径，作曲家不知在这条僻静的小路上消磨过多少春夏的夜晚。早春的下午，阳光透过尚未繁茂的树林洒下稀疏的树影，耳畔有流水的美妙声音相伴，在这条清幽的小径上散步的感觉真是惬意极了。据说贝多芬就是在这里获得了创作《第六交响曲》（田园）的灵感，而且这条小径至今保持着贝多芬时代的模样。想象着两百多年前失聪的贝多芬在这里散步、构思、作曲的情形，心里不禁就涌起一股莫名的感动。小径的尽头，是一座青铜塑造的贝多芬胸像，它伫立在那里已经有一百五十多年了。想必这些年里，有无数的乐迷和音乐人曾经来这里膜拜和缅怀过这位乐圣吧！仰望着神情坚毅的贝多芬塑像，我不禁感动于这位伟大音乐家与命运不屈不挠做抗争的顽强精神，一股对他的敬佩之情从心底油然而生。

“欢乐女神圣洁、美丽，灿烂光芒照大地，我们心中充满热情，来到你的圣殿里，你的力量能使人们消除一切分歧，在你的光辉照耀下面，人们团结成兄弟……”我的耳畔响彻着贝多芬辉煌灿烂的《第九交响曲》。正如罗曼·罗兰所言：“贝多芬自己并没有享受过欢乐，但是他把伟大的欢乐奉献给所有的人。”在海利根施塔特，我深切地感到了贝多芬的伟大和他带给我们的光明，这份光明将会照亮一代又一代爱乐人的心灵，让我们生出无限勇气，不畏艰难地在人生路上坚定前行。

贝多芬小径的路标

溪水潺潺的贝多芬小径

小径尽头的贝多芬胸像

音乐家之墓

Tombs of Musicians

1. 中央公墓（Central Cemetery）——伟大灵魂沉睡的花园

地　　址：Simmeringer Hauptstrasse 234，1110 Wien

温馨提示：开放时间每日7:00—19:00

作为音乐爱好者，来维也纳一定要到中央公墓去朝圣。虽然中央公墓地处维也纳东南方向的郊外，位置有些偏远，但好在有11路和71路公交车都直达公墓正门，交通还是十分便利的。

中央公墓的入口大门

中央公墓主轴线上的宽阔大道

我选择了一个清静的早晨来到中央公墓，只见入口处有三对宽大的铁门，两侧则竖立着两座白色的尖塔形雕塑，原来那是弗兰茨皇帝的纪念碑。这个公墓是十九世纪初奥地利帝国的弗兰茨·约瑟夫皇帝在位时修建的，最初只有王公贵族可以安葬于此；后来为解决城市发展中日益拥挤的墓地问题，政府于1874年万圣节将中央公墓对市民开放。中央公墓占地240公顷，共有墓穴33万座，也是全欧洲规模第二大的公墓。

从正门进入，里面是一条宽阔笔直的大道，也是中央公墓的主轴线。放眼望去，道路尽头是一座绿色穹顶、庄严肃穆的白色教堂，它是整个中央公墓的中心和视觉焦点。这座教堂叫作圣博罗米欧教堂（Church of St. Borromeo），修建于1908年至1910年，带有明显的分离派建筑风格特征，它是卡尔·鲁伊格[1]的墓地教堂和陵墓。大道的两侧则是对称展开、红白相间的弧形优雅柱廊，映衬在一片草木葱茏的绿意之中。这里一点鬼魅阴森、孤寂悲凉的气氛都没有，有的只是平安祥和、清幽宁静，简直就是一个美丽的大公园！

1. 卡尔·鲁伊格（Karl Lueger，1844—1910），奥地利政治家，曾于1897年至1910年担任维也纳市长，那段时间是维也纳发展的黄金岁月，因此他被公认为在维也纳的现代化城市进程中功不可没。

圣博罗米欧教堂

按照地图的指引，我很快找到了音乐家们聚集的32A区，它就在大道的左侧。这里真是一个环境宜人的漂亮花园，苍松翠柏环绕，缤纷鲜花点缀，萋萋芳草衬托，那些音乐史中最伟大的灵魂就长眠于此！只见那散落于绿荫下、花丛中的墓碑，每一件都称得上是精心设计、巧夺天工的艺术品，令人赞叹不已。

这个音乐家之墓区域的平面呈半圆形，又被道路划分成三个扇形，其中占据墓地中心位置的是一座1891年从圣马克思公墓迁移过来的莫扎特纪念碑。1791年，不到36岁的莫扎特去世后被草草掩埋于圣马克思公墓附近的一个乱坟堆，几十年后人们来此寻踪时却再也找不到大师确切的安葬处，想必这是音乐史上最大的悲哀之一吧——天才莫扎特的不朽灵魂竟然寂寞地沉睡在圣马克思公墓一个永远无人知晓的角落……后来人们在那里为莫扎特树立过好几座纪念碑，其中第一座后来被迁入中央公墓。这座纪念碑的基座为花岗岩，正面镶嵌着莫扎特的青铜头像，侧面则铭刻着他的名字和生卒年月。基座的上面是一座青铜制成的女神雕像，只见她神情哀伤地低头端坐在一摞乐谱之上，像是在为天才作曲家生命的过早凋零而发出悲叹。

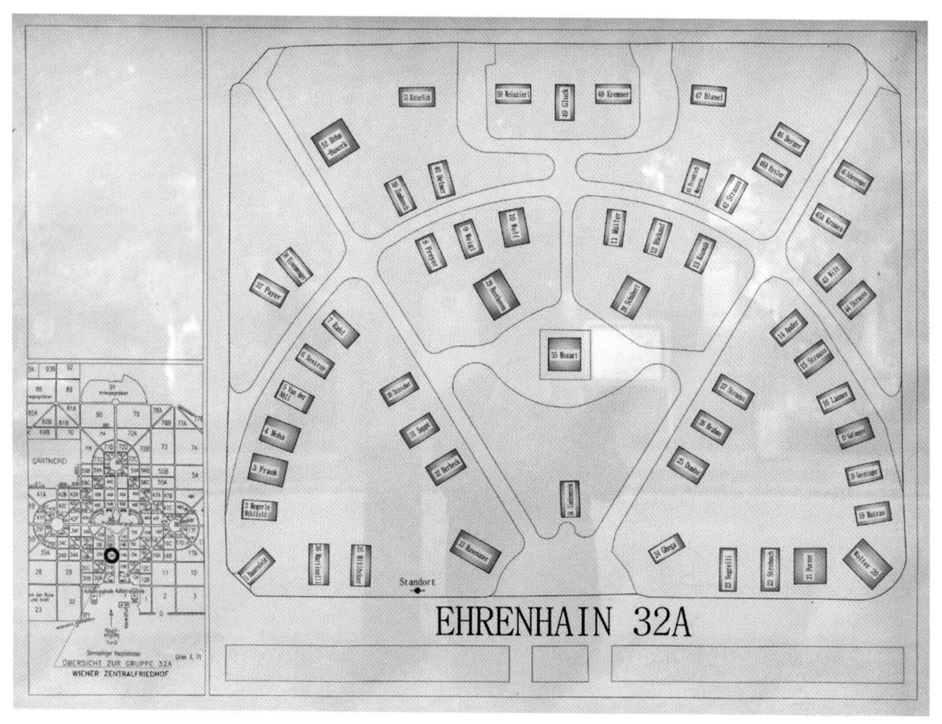

32A区墓地分布平面图

莫扎特纪念碑的左后方就是乐圣贝多芬长眠的地方，只见白色大理石的墓碑呈方尖碑的形状，底部雕刻了贝多芬的名字和生卒年份，中间装饰着一架优美的金色竖琴，顶部的图案则是一条环形的蛇围绕着一只蝴蝶。据说蝴蝶象征着贝多芬渴望自由飞翔的灵魂，而蛇则象征着缠绕他后半生、使他听力不断下降的可怕病魔。是啊，顽强的贝多芬一直都在不屈不挠地与命运作斗争，在人生逆境之中竟然写下了那么多伟大的传世佳作！

莫扎特纪念碑的右后方则安息着另一位英年早逝、31岁就撒手人寰的作曲家舒伯特。舒伯特生前知名度并不高，尽管他很崇拜贝多芬却不敢去与之结交；他临终前留下遗嘱，希望与贝多芬葬在一起。后来音乐之友协会果然把他们二人的尸骨从无名之地迁到了中央公墓并修建了墓碑，而且让他们做了邻居，终于满足了舒伯特生前的心愿。舒伯特的墓碑也是白色大理石，上面有着非常优美生动的浮雕——一位音乐女神正在授予舒伯特一顶音乐桂冠，一位可爱的小天使则提着花篮从下方仰视着他们；墓碑基座上还有一对优雅的天鹅和一把金色的竖琴。

32A区的音乐家墓地

莫扎特之墓

贝多芬之墓

舒伯特之墓

舒伯特之墓的右侧不远处，则是勃拉姆斯和约翰·施特劳斯父子的墓地。其中勃拉姆斯（1833—1897）的墓碑与小施特劳斯的紧邻，都是白色大理石雕刻而成，不过勃拉姆斯的是一座抱着乐谱沉思的作曲家胸像，专注的神情如他的音乐一般严肃认真、一丝不苟；而小施特劳斯的墓碑则是一尊朝气蓬勃、充满活力的艺术雕塑，就好像他创作的圆舞曲一般热情奔放——在枝繁叶茂的月桂树下，小施特劳斯被一群拉琴唱歌的音乐天使簇拥着，身旁还有一位手持竖琴、身姿曼妙的美丽女神作伴。与号称“圆舞曲之王”的儿子相比，“圆舞曲之父”老施特劳斯的墓碑则简朴低调了许多，黑色三角形的碑身上嵌着一个白色的作曲家头像，而基座底部镌刻的名字则已经几乎淹没在茂盛的花草丛中了。

小施特劳斯与勃拉姆斯之墓

老施特劳斯之墓

这个32A区内还有约瑟夫·兰纳[1]、胡戈·沃尔夫[2]、克里斯托弗·威利巴尔德·格鲁克[3]等著名音乐家的墓穴；除此以外，中央公墓的其他位置也还散落着一些知名音乐家的墓

1. 约瑟夫·兰纳（Joseph Lanner，1801—1843），奥地利作曲家、指挥家，是首位把圆舞曲从乡间舞曲改良为上层社会所爱曲式的作曲家，维也纳华尔兹的发明者，与老约翰·施特劳斯齐名。
2. 胡戈·沃尔夫（Hugo Wolf，1860—1903），奥地利作曲家，是继舒伯特、舒曼之后最伟大的德奥艺术歌曲创作者。
3. 克里斯托弗·威利巴尔德·格鲁克（Christoph Willibald von Gluck，1714—1787），德国歌剧作曲家，后半生移居维也纳，是当时集意大利、法国和德奥音乐风格特点于一身的绝无仅有的作曲家。

沃尔夫之墓

勋伯格之墓

碑。我找到了阿诺尔德·勋伯格[1]的位置，因为他的墓碑非常特别。和其他作曲家那种古典优雅的传统墓碑不同，他的墓碑好像是一座抽象的现代雕塑——一个非线性的敦实立方体倾斜地巍然挺立着，简洁有力而富有个性，将他创立“十二音体系”无调性音乐的开拓精神表达得淋漓尽致。

我喜爱这些作曲家的音乐，却从未想过能够如此近距离地瞻仰他们、与他们的灵魂对话。我在每一位大师的墓前默默致敬，深深感谢他们为我们留下那么多滋润心田、净化灵魂的精神财富。看到他们安息在这样一片美丽宁静的花园之中，并且能够彼此陪伴、不再孤单，我的内心也颇感欣慰。

离开中央公墓时我不禁感慨万分——全世界大概都很难再找到这样一方圣土，聚集了如此之多名垂千古的伟大灵魂！他们虽然已经去世几十年甚至上百年，但是他们留下的音乐却代代相传，给后人以心灵的启迪和鼓舞；他们的生命在旋律中得以永恒，他们的作品和精神千秋不朽！

---

1. 阿诺尔德·勋伯格（Arnold Schoenberg，1874—1951），美籍奥地利作曲家、音乐教育家和音乐理论家，西方现代主义音乐的代表人物。

2. 格林津（Grinzing）公墓的马勒墓——没有生卒日期的大师墓碑

地　　址：An den langen Lüssen 33，1190 Wien

电　　话：+43 1 3203192

温馨提示：开放时间每日7:00—19:00

那是一个周日的早上，我怀着朝圣的心情，决定去维也纳郊外的格林津公墓去拜谒我至爱的音乐家马勒。

说是在郊外，其实也没有多远。维也纳的公共交通非常发达，我坐上地铁的U4线，很快便到达了终点站海利根施塔特。在地铁站的出口处正巧有一家花店，于是我精心挑选了一束红白相间的鲜花，准备献给我心目中的音乐圣人。

地铁站门口就是8路汽车终点站，虽然知道坐这路车可以直达格林津公墓附近，可我还是情愿漫步半个小时前往那里，好好体会一下海利根施塔特的风情和气息。凭借着地图导航的指引，我顺着上山的曲折道路一路前行；街道上非常安静，大致过了半个小时，我来到了格林津公墓的大门口。这天上午天空一直是阴沉沉的，而且冷风习习，令墓地的气氛更显萧条寂寥。

放眼望去，墓地非常辽阔，到处都是大小不一、参差不齐的石碑和雕像，马勒之墓究竟在哪里呢？入口处的门房内没有值班的人，因此也无处可以问询，于是我只好在一张密密麻麻的墓区指示图上吃力地寻找着马勒的名字。大概由于我一个亚洲面孔的女人抱着一束鲜花前来实在是比较惹眼，显然不是来寻亲而是来膜拜某位名人……一对与我几乎同时抵达墓地的老夫妇主动上前问我：“Mahler？”我连忙点头称是，老人示意我跟着他走，于是三转两绕，把我带到了马勒的墓前。

尽管之前我在网上看过马勒墓的图片，但当这块朴实无华的墓碑真真切切地呈现于我眼前时，我的眼眶瞬间就湿润了。没有雕像，没有装饰，甚至没有生卒年月，马勒的墓碑简单朴素至极，就是一块方整粗犷的混凝土石碑伫立在那里，上面只刻着“GUSTAV MAHLER”这十二个大写字母。马勒生前曾经说过，他的墓碑只需要刻上名字即可，来看望他的人都知道他是谁，而那些不知道他是谁的人也无须前来。这是多么超然的智慧！那个伟大的灵魂就沉睡在这里，一百多年来，不知有多少热爱着马勒的人来这里膜拜过他！而今天，我终于梦想成真，不远万里来到了音

朴实无华的马勒之墓

墓碑上的名字

我献上的鲜花

乐巨人栖息的地方，激动的心情无以言表。是的，这里的一草一木都沾染着他的灵魂，他的气息！

墓碑两侧有修剪整齐的植物，墓碑前就是一片草地，没有石板，据说这样灵魂和天堂之间就没有阻隔了……我把带来的鲜花插在墓碑前有水的固定容器中，感觉寂静的马勒墓顿时增添了几分动人的生机。

在墓地的前端，还放着一盏红色外壳的长明灯，我注意到下面压了一张纸条，上面有潦草的字迹写道：“Thank you for your hard work and for inspiring so many of us.”（感谢你和你的努力工作，鼓舞了我们那么多人），我猜这一定是哪位乐迷来看望时留下的。于是我也在这张纸条下面接着写了一句话：“Mahler，I finally come to see you. Love you and your music forever! Wenhong，from Beijing，March 20，2016”（马勒，我终于来看你了。永远热爱你和你的音乐！文虹，来自北京，2016.3.20）。是啊，心心念念了那么久，我终于来看你了，亲爱的马勒！

我在长明灯下的字条上留言

我从包里掏出一个小音箱，开始虔诚地为马勒播放他的《第二交响曲》——《复活》的终乐章。这是我动身来奥地利之前就确定要做的一件事。马勒的《复活》可以说是我心头的最爱，特别是那个长达20分钟的终乐章。这是一部承载着人类终极理想、具有神圣象征意义的交响曲，我曾一次次在那人声、钟声、器乐声交融的动人高潮中热泪奔流、战栗颤抖，每每听到曲终，我都真切地感到我的灵魂仿佛在那激荡的钟声中升入了天堂，整个人的身心都犹如得到了脱胎换骨般的新生！那种深彻骨髓的感动用任何语言来描述都显得过于苍白。

当《复活》的旋律回荡在墓地冷清的上空时，我的泪水无法控制地夺眶而出……马勒，你怎么能写出如此感人肺腑、动人心魄的音乐呢？！你想到过吗，日后会有一位东方乐迷带着这音乐来你的墓地，虔诚地完成这样一个神圣的仪式？我多么希望你能够在这音乐中真的复活呀！至少，我希望你的灵魂在《复活》中得到告慰。

就在这样的音乐中，我和我挚爱的作曲家说着心里的悄悄话，用全部的身心感受着他的灵魂和气息……我在墓前虔诚地跪坐了有一个多小时，《第二交响曲》播放完毕后，我终于了却了一桩心愿。最后离去的时候，我悄悄带走了一小捧他墓前的细碎石子，放进我事先准备的一个小铁盒里，这是我的一个私念——马勒，你写出了以中国唐诗为创作背景的伟大交响曲《大地之歌》却不曾到过中国，那么请让我带你去看看那个美丽迷人的东方文明古国吧！

从格林津墓地出来后，太阳也出来了，我下山去寻找马勒临终前在维也纳的最后一处居所——他的岳父卡尔·摩尔[1]的家。在马勒生命中的最后一年，1910年从欧洲演出返回后，还没物色好新居的马勒夫妇就一直住在摩尔家中。这栋住宅的地址是沃勒尔街（Wollergasse）10号，按照地图的指引，我很快在一片山坡上找到了它。这是一栋附带有前院的二层别墅，红色的坡顶和灰白色的墙面，和我在书上

1. 卡尔·摩尔（Carl Moll，1861—1945），1900年前后维也纳艺术生活中最重要和最有影响力的人物之一，奥地利风景画家，维也纳分离派的主要成员之一。他曾是阿尔玛生父埃米尔·雅各布·辛德勒的学生，后来在其去世后与阿尔玛之母结婚，成为阿尔玛的继父，并与马勒夫妇始终保持着良好的关系。

马勒的最后一处居所

看到的照片一模一样。我试着按了按门铃，但是始终没有人回应，只好叹气离开。后来在撰写此书、查找资料的过程中我才惊讶地发现，原来这栋建筑也是出自一位名师之手——它竟然是建筑大师奥托·瓦格纳的学生、分离派的核心人物之一约瑟夫·霍夫曼[1]于1906年为画家摩尔设计的第二栋住宅！其实霍夫曼也设计过不少建筑（特别是住宅），但是他的主要成就在于家具设计方面（在“建筑之旅”的“维也纳应用艺术博物馆”一节中有他设计的家具图片），因此本书中并没有专门介绍他的建筑，有所涉及的只此一处。只能说二十世纪之初的维也纳实在是个群星荟萃的光辉年代，大师们之间总会不可避免地有着轨迹的交汇。

1. 约瑟夫·霍夫曼（Josef Hoffmann，1870—1956），早年跟随奥托·瓦格纳学习建筑设计，维也纳分离派的代表人物。其一生在建筑设计、平面设计、家具设计、室内设计、金属器皿设计方面均有所建树，但最大成就体现于家具设计，是早期现代主义家具设计的开路人，其设计风格影响了整个欧美。他所设计的家具往往具有超前的现代感，为机械化大生产与优秀设计的结合作出了巨大贡献。

接下来我参观了附近海利根施塔特与贝多芬有关的几个地方，已经是下午四点多了，本该返回维也纳市区，但是阳光这么好，我很想再去看看马勒墓阳光下的样子，说实话，其实就是内心留恋不忍离去……

于是我又不知疲倦地折返回格林津公墓。马勒的墓碑是朝西的，此刻，墓碑旁的花束、青草地、灌木等都沐浴在金红色的夕阳之中，想必这是一天中马勒墓最温柔动人的时刻吧！我的胸中不禁有一股暖流淌过，心底生出几分慰藉。

夕阳下的马勒之墓

这时，我看到有个脖子上挂着相机的奥地利大叔，似乎正在寻找阿尔玛的墓。我知道阿尔玛的墓应该就在附近，于是和大叔一起寻找，结果在背对着马勒墓、仅仅相距几米之遥的一排，我看到了那个黑色的名字——Alma Mahler Welfer，她在自己的名字前面冠上了第一任和最后一任丈夫的姓氏，一位是带给她此生最大荣耀的伟大男人，一位是她最后的归宿。因为墓碑整体都是黑色的，所以不大容易被发现。墓碑前平放着一块三角形的石碑，上面刻的是她和第二任丈夫瓦尔特·格罗皮乌斯[1]所生之女曼依（Manon Gropius，1916—1935）的名字，据说那是她生前最爱的孩子。

几步之遥的阿尔玛之墓

对于阿尔玛我的感情是极为复杂的，我不知道是该爱还是该恨——没有她，恐怕马勒创作不出那么多伟大的音乐；可也正是她后来的红杏出墙，让马勒在临近生命终点时经历了无尽的悲伤……不过有一点是肯定的，很少有哪位女性的婚姻经历可以再超越她的高度——第一任丈夫是才华横溢的伟大音乐家，第二任丈夫是著名

阿尔玛墓碑上的名字

1. 瓦尔特·格罗皮乌斯（Walter Gropius，1883—1969），德国现代建筑师和建筑教育家，现代主义建筑学派的倡导人和奠基人之一，公立包豪斯（BAUHAUS）学校的创办人。

的现代主义建筑大师，第三任丈夫则是获得过诺贝尔文学奖的知名剧作家[1]，他们都是各自领域的顶级天才。当然，还有更多的著名艺术家曾经拜倒在她的石榴裙下，有的曾经和她谈过恋爱，有的却从来不曾得到她的青睐。阿尔玛好像天生具有鉴别天才的能力，她像黑洞一样吸引着这些艺术天才们，也许她也曾激发过他们创作灵感的火花。有一部电影《风中的新娘》（Bride of the Wind，2001）就是根据她的传奇人生改编的，感兴趣的朋友不妨找来看下，你会在里面发现很多熟悉的大师名字。

马勒像（作者自绘）

阿尔玛像（作者自绘）

1. 弗朗兹·魏菲尔（Franz Werfel，1890—1945），波希米亚诗人、剧作家和小说家，他的作品曾被改编为电影并荣获奥斯卡奖，阿尔玛的第三任丈夫。

音乐家雕塑

Sculptures of Musicians

要说维也纳街头的人物雕像，那可真是多得数都数不清！皇帝、政治家、文学家、画家、艺术家……有名字熟悉的，也有很多从来都没听说过的。不过，作为音乐爱好者，最为关注的还是音乐大师们的雕像。下面我就把维也纳城市风景中最著名的音乐家雕塑汇总一下，也许某一天你就会在街头散步时与心目中的大师不期而遇！

1. 莫扎特——城堡花园（Burggarten）内最耀眼的明星

地　址：Josefsplatz 1，1010 Wien

城堡花园（Burggarten）位于内城中心区霍夫堡皇宫南侧，是一座占地面积约38000平方米的美丽花园。1819年，皇帝弗兰茨一世[1]下令修建一座皇家花园，选址就建立在抗击拿破仑军队入侵的防御工事遗址之上。1848年，弗兰茨·约瑟夫一世皇帝又把它改造成英式风格的花园，同时将其规模扩大。皇家园林设计师路德维希·冯·雷米（Ludwig von Remy，1776—1851）和弗朗茨·安东尼（Franz Antoine，1815—1886）先后承担了设计任务。

1. 弗兰茨一世（Franz I，1768—1835），神圣罗马帝国的末代皇帝（1792—1806在位），也是奥地利帝国的第一位皇帝（1804—1835在位），他的孙子就是弗兰茨·约瑟夫一世。

这座曾经为哈布斯堡王朝所钟爱的皇家花园，现在免费对公众开放，是深受维也纳市民和旅游者喜爱的城市美景之一。城堡花园里共有三座雕塑，其中最为著名的是一尊雕刻精美的白色大理石莫扎特像，它几乎是音乐之都的符号象征，不知有多少人慕名来到维也纳都一定要一睹莫扎特雕像的风采并与其合影留念。雕像的前方是一块巨大的草坪，上面有一个用花卉精心摆出的高音谱号造型，随着季节更迭和鲜花品种的变换，高音谱号的色彩也缤纷迥异。我两次到访这里分别是早春三月和初秋九月，看到的景色也各有特色。

莫扎特雕像基座上的浮雕正面是他的歌剧《唐璜》中的场面，背面则是6岁的莫扎特和父亲、姐姐一起演奏音乐的情景；基座上还雕刻着他音乐作品中使用过的一些重要乐器——长号、圆号、小提琴、排箫和长笛等。基座两侧可爱的小天使们，簇拥着基座上方仪态优雅、风华正茂的莫扎特——身着宫廷服装的音乐家，正站在乐谱台前，一边翻动着手中的五线谱，一边自信地凝视着远方。可惜天妒英才，这位音乐

莫扎特雕像

天才的人生在36岁这年戛然而止……这座纪念碑于1896年建成，是由建筑师卡尔·柯尼格（Karl König, 1841—1915）和雕塑家维科特·蒂尔格纳（Viktor Tilgner，1844—1896）共同完成的。它原先被摆放在国家歌剧院后面的阿尔贝蒂娜广场上，“二战”中遭到严重损毁；1953年，重新修复后的雕像被移入了城堡花园内，从此成为了花园中最耀眼的明星，旅游者们必到的打卡之处。

城堡花园里的另外两尊雕像分别是弗兰茨一世皇帝和弗兰茨·约瑟夫一世皇帝，两位与花园建造历史息息相关的哈布斯堡王朝君主。此外，在城堡花园的北端，还有一座落成于 1901年的棕榈温室（Palm House），设计者是建筑师弗里德里希·奥曼（Friedrich Ohmann，1858—1927）。只见弧形的绿色铁艺上镶嵌着大片的透明玻璃，白色的外墙上点缀着雕塑装饰，这栋建筑物呈现出当时流行的分离派建筑风格特征。温室分为两部分，一侧是热带蝴蝶暖房，另一侧则是咖啡馆和餐厅。阳光明媚的天气里，坐在温室外面的露台上一边喝杯咖啡一边欣赏城堡花园的美景，实在是一种美哉悠哉的难忘体验。

初秋与早春不同季节的花坛

棕榈温室

莫扎特像（作者手绘）

2. 小施特劳斯、舒伯特、布鲁克纳等——城市公园（Stadtpark）内的群星聚会

地　　址：Am Stadtpark，1030 Wien

郁郁葱葱的城市公园（Stadtpark，也称市立公园）可谓维也纳市中心的一片绿洲，它是皇帝弗兰茨·约瑟夫一世下令拆除城墙后为市民修建的，时任维也纳市长的安德里亚斯·泽林卡[1]为推动这一项目做出了杰出贡献。城市公园于1862年对公众开放，它坐落于环城大道西侧，拥有65000平方米的宽广占地面积，园区横跨维也纳河两岸，中间有古老的石桥相连接，桥边坐落着巴洛克风格的圆亭。

宫廷风景画师约瑟夫·赛勒尼（Josef Selleny，1824—1875）和园艺师鲁道夫·西贝克（Rudolf Siebeck，1812—1878）共同将公园设计打造成为一座漂亮的英式大花园，公园内绿树成荫、鸟语花香，还有美丽的喷泉和水池。野鸭在水中嬉戏，鸽子在草地上觅食；人们有的开心地坐在长椅上聊天、晒太阳，有的则悠闲地在林中漫步，尽情享受着这大自然的恩赐。

在这环境优雅、静谧清幽的公园里，有五尊音乐家和四尊其他名人的精美雕像散落其中。它们就好像点缀在绿茵绒毯上的一粒粒珍珠，闪耀着灿烂夺目的光芒。

1. 安德里亚斯·泽林卡（Andreas Zelinka，1802—1868），1861—1868年担任维也纳市长，维也纳人亲切地称之为“泽林卡爸爸”。

其中以圆舞曲之王小约翰·施特劳斯的金色雕像最为著名，其创作者为雕塑家埃德蒙·赫尔默（Edmund Hellmer，1850—1935）。它是整个公园内最为亮丽的一道风景，吸引着无数游客前去合影留念。维也纳的音乐家雕塑屡见不鲜，不过大多都是石塑或者青铜雕像，可唯独这一尊，竟然是座令人亮瞎眼的“小金人”！只见在一个高起的台阶上，金光灿灿的圆舞曲之王姿态优雅地拉动着小提琴，他的身后是白色的大理石拱门，上面雕刻的众多人物都是侧耳倾听的听众，他们仿佛都沉醉于美妙的音乐声中。据说1921年为此镀金纪念像揭幕之时，维也纳交响乐团曾在此演奏了小施特劳斯的传世名曲《蓝色多瑙河》。

在茂盛的树丛掩映中有一座雪白的雕像，那是艺术歌曲之王弗朗兹·舒伯特的白色大理石坐像，这尊竣工于1872年的艺术品是维也纳童声合唱团捐献的。舒伯特的雕

小施特劳斯的雕像

像基座很高，基座上雕刻着手拿乐器、神话传说中的女神和天使；作曲家则端坐在高处，膝盖上摆放着乐谱，目光正专注地凝视着远方，仿佛在精心构思着一部音乐作品。

公园中心的水池附近，巨大的雪松旁边，是交响乐大师安东·布鲁克纳（Anton Bruckner，1824—1896）的纪念雕像，这座雕像是在作曲家去世三年后的1899年完成的，其作者维科特·蒂尔格纳正是城堡花园中莫扎特雕像的塑造者。

城市公园内的另外两尊音乐家雕塑分别是弗朗兹·莱哈尔[1]和罗伯特·史托兹[2]的雕像，它们均竣工于1980年。此外，这座潜龙伏虎的公园中还伫立着几尊风格迥异的雕像，分别用于纪念艺术家汉斯·马卡特[3]、汉斯·加农[4]、埃米尔·雅各布·辛德勒[5]以及修建公园的市长安德里亚斯·泽林卡。绿意盎

舒伯特的雕像

布鲁克纳的雕像

1. 弗朗兹·莱哈尔（Franz Lehár，1870—1948），维也纳轻歌剧作曲家，原籍匈牙利，代表作《风流寡妇》。
2. 罗伯特·史托兹（Robert Stolz，1880—1975），奥地利作曲家、指挥家，也是歌剧和电影音乐的作曲家。
3. 汉斯·马卡特（Hans Makart，1840—1884），奥地利学院派历史画家，维也纳高雅文化圈的名流，画家克里姆特的偶像。
4. 汉斯·加农（Hans Canon，1829—1885），奥地利历史和肖像画画家。
5. 埃米尔·雅各布·辛德勒（Emil Jakob Schindler，1842—1892），奥地利风景画家，作曲家马勒之妻阿尔玛的亲生父亲。

史托兹的雕像

市长泽林卡的雕像　马卡特的雕像　辛德勒的雕像

然的城市公园就好像一个精彩纷呈的户外雕塑博览会，无言之中彰显着维也纳这座文化名城的深厚底蕴。

在施特劳斯纪念碑的南侧，还有一栋1867年落成的古典建筑，是由来自德国的建筑师约翰·伽本（Johann Garben，1824—1876）设计的。这栋米色的两层小楼呈意大利文艺复兴风格，它有着优雅的连续拱券、精美的雕塑装饰和宽阔的屋顶平台。这栋建筑原本是一个温泉水疗馆，后来被酷爱音乐舞蹈的维也纳人民改造成了以举办音乐会和舞会为主的库尔沙龙（Kursalon）。据说当年施特劳斯三兄弟曾经多次在此表演，而今这里依旧保持着一百多年前的传统，上演最多的曲目仍然是三拍子的华尔兹舞曲。

景色秀丽的公园内还坐落着一家叫作史戴瑞瑞克（Steirereck）的奥地利风味餐厅，这可是一家十分热门的米其林二星餐厅呢，号称是全世界最佳的五十个餐厅之一！据说味道非常棒，价格也比较贵，想去体验一下的朋友一定要预订座位。

库尔沙龙

城市公园的南端入口处就是“城市公园”（Stadtpark）地铁站，该站亭由著名的奥地利建筑师奥托·瓦格纳设计，色彩和造型都极富特色，是维也纳城市形象的标志之一，与后面“建筑之旅”中的“卡尔广场轻轨站亭”一脉相承。

城市公园地铁站亭

3. 勃拉姆斯——静坐在林中的音乐结构大师（雷塞尔公园，Resselpark）

地　　址：Karlsplatz 12，1010 Wien

卡尔广场（Karlsplatz）是维也纳的一个著名地标，在这里，不仅有大名鼎鼎的卡尔教堂、卡尔广场地铁站亭以及维也纳工业大学，还有一片草木丰美的绿地，它就是修建于1862年的雷塞尔公园（Resselpark）。公园里除了树木绿荫，还布置有供儿童娱乐用的小型球场和其他设施，不过最为著名的则是隐匿在树林间的一尊大师雕塑——杰出的作曲家约翰内斯·勃拉姆斯的纪念像。

这座勃拉姆斯大理石雕像是由艺术家鲁道夫·维埃尔（Rudolf Weyr，1847—1914）创作的，并于1908年5月7日、作曲家75周年诞辰纪念日之时竣工落成。勃拉姆斯是一位德国古典主义后期的作曲家，也是浪漫主义中期的作曲家。他可以说是继巴赫和贝多芬之后最伟大的音乐结构大师，精通对位法则，拥有水平极为高超的作曲技巧。他深谙传统的古典写作形式，同时又熟知当代浪漫精神，是一位勇于在传承中创新的作曲家。有人把他和巴赫（Bach，1685—1750）、贝多芬（Beethoven）并称为德国的“3B”，他们确实都是人类音乐史上最为伟大的作曲家。

勃拉姆斯是德国汉堡人，但他一生中大部分的创作时光都是在维也纳度过的，是维也纳音乐界的领袖人物，在世时就拥有极高的声望和影响力。距离卡尔教堂不远的卡尔巷4号，就曾经是他于1871年至1897年居住过的地方，可惜原址在维也纳工业大学的扩建工程中已被拆除。

勃拉姆斯的雕像

早春的树木还未发芽，在一片只有光秃枝丫的树丛中，这座雕塑显而易见。只见蓄着大胡子的勃拉姆斯端坐在座椅上，若有所思地凝视着前方，仿佛正在全神贯注地构思着某部音乐作品。哦不！也许正在专心致志地聆听美妙的竖琴演奏——因为在他脚下的基座上，正匍匐着一位神情虔诚、手拿竖琴的少女。勃拉姆斯一辈子都没有结婚，也许雕塑家是怕他感到寂寞，想以此种方式让一位美丽的少女始终陪伴在伟大作曲家的身边吧！

雕像面对的方向正是金色大厅，从这里，正好可以看到音乐之友协会大厦，而那里恰恰是勃拉姆斯工作过的地方——1871年至1875年，勃拉姆斯曾任维也纳音乐之友协会的艺术指导，指挥过很多场音乐会。能够一直注视着自己曾经奋斗过的舞台、永远守护着这片乐土，恐怕也是这位音乐大师的心愿吧！

4. 贝多芬——广场上的乐圣雕像（贝多芬广场，Beethovenplatz）

地　　址：Beethovenpl. 1，1010 Wien

从城市公园（Stadtpark）的南侧沿着马路继续向南行走大约200米左右，在道路右侧有一方空地，这就是著名的贝多芬广场，广场上赫然耸立着尺度巨大的贝多芬青铜塑像。这组雕像落成于1880年，是由维也纳音乐之友协会委托德国雕塑家卡斯帕·冯·祖姆布（Kaspar von Zumbush，1830—1915）设计并制作的。

威严的青铜雕像高高在上，令人不禁满怀尊敬地仰视这位大师——深棕色的高大石材基座上，身着大衣的贝多芬正襟危坐，庄严肃穆、神情坚毅地向下俯视着芸芸众生；基座的下面，则是另外一组陪衬的群雕——一侧是正在歇息的天使，另一侧是被缚的普罗米修斯，正面和背面环绕的九个姿态各异的小天使则象征着大师不朽的九部交响曲，它们共同烘托起音乐史上这位伟大的乐圣。此刻，我的脑海中悠然回荡起贝多芬《第九交响曲》中《欢乐颂》的美妙旋律，心底也情不自禁生起一股对大师的崇敬之情。我坐在雕像的基座下面与大师合影留念，从照片上可以看出雕像与真人的尺度对比，渺小的我更衬托出乐圣的伟大。

在贝多芬广场周边，还有更多值得探索的惊喜。雕塑的正后方，就是一栋古典建筑改造而成的五星级酒店——著名的高端连锁酒店丽思卡尔顿（Ritz—Carlton）；而贝多芬广场的南侧，则坐落着一座红色砖墙、尖顶林立的古老建筑，呈现出明显改

我在贝多芬广场上的雕塑前留影

良过的哥特式风格。建筑物名叫“Akademisches Gymnasium”，是一栋创立于1553年的高级中学，也是维也纳最古老的中学。这座大楼修建于1863年至1866年，是由建筑师弗里德里希·冯·施密特[1]设计的。这所历史悠久的中学可谓人才辈出，著名的物理学家路德维希·玻耳兹曼[2]和埃尔温·薛定谔[3]、作家斯蒂

1. 弗里德里希·冯·施密特（Friedrich von Schmidt，1825—1891），德国建筑师，后工作于维也纳，擅长使用新哥特式风格，维也纳市政厅也是他的作品，他还承担了斯蒂芬大教堂的修复工作。
2. 路德维希·玻耳兹曼（Ludwig Boltzmann，1844—1906），奥地利物理学家、哲学家，热力学和统计物理学的奠基人之一。
3. 埃尔温·薛定谔（Erwin Schrödinger，1887—1961），奥地利物理学家，量子力学奠基人之一，发展了分子生物学；诺贝尔物理奖获得者。

芬·茨威格[1]都是这所中学的杰出校友。

在该中学与贝多芬广场相邻的一面墙上，可以看到“贝多芬广场”的标牌，以及一块白色的纪念牌。我好奇地走到近前查看，竟然欣喜地看到了弗朗兹·舒伯特的名字！原来音乐天才舒伯特也曾于1808年至1813年在这所著名中学就读，只不过当时这所学校还没有迁到现在的地址，而是位于距离这里不远的拜克尔大街（Backerstrasse）。

游走在维也纳的街头，时常会在不经意间收获各种惊喜；这是一个历史悠久、文脉复杂的城市，它所孕育出的众多大师总会在时空上有着神奇的轨迹交汇，等待着你去探索和发现。

贝多芬雕像局部

广场边上的高级中学

舒伯特的纪念牌

1. 斯蒂芬·茨威格（Stefan Zweig，1881—1942），奥地利小说家、诗人、剧作家、传记作家，代表作有短篇小说《一个陌生女人的来信》。

5. 海顿——教堂前的交响乐之父（玛利亚希尔弗教堂，Catholic Church Mariahilf）

地　　址：Mariahilfer Strasse 55，1060 Wien

位于第六区的玛利亚希尔弗大街（Mariahilfer Strasse）是维也纳一条最长、最热闹的商业街，它连接着内城区和火车西站。这条大街上商店林立、游人如织，是广受当地人与外地游客们欢迎的购物好去处。也许你来此只是遛街闲逛，却没想到会在无意之间与交响乐之父弗朗茨·约瑟夫·海顿邂逅相逢。

在这条商业街的中部，距离U3线的诺因堡街（Neubaugasse）站不远处，有一个古老的天主教堂——玛利亚希尔弗教堂（Catholic Church Mariahilf）。这座教堂修建于1686年至1730年间，它有着白色的外墙和两个对称的绿色尖顶，是一座华丽的巴洛克风格建筑。教堂门外有个退让出的小广场，广场中央有一个用栏杆围起来的白色大理石人物雕像，他就是著名的交响乐之父海顿。海顿是这个教区的教民，他的故居博物馆距离这里也不远。为了纪念这位伟大的作曲家，1887年，人们将海顿的雕像树立在玛利亚希尔弗教堂前的空场上，作者是雕塑家海因里希·纳特（Heinrich Natter，1844—1892）。

和莫扎特、贝多芬的纪念像相比，海顿这一座的设计相对来说要简单一些，基座本身基本没有什么装饰。基座之上，头戴假发、身穿宫廷服装的作曲家巍然站立着，目光平静、神情威严地注视着前方。海顿曾在匈牙利皇宫中担任了长达三十年的宫廷乐长，因此他在人们的印象中就永远是这样一身宫廷正装的形象。

教堂和海顿像

海顿像

海顿是维也纳古典乐派的奠基人，他的音乐影响了后来的作曲家莫扎特和贝多芬。海顿并不是交响曲体裁的首创者，但是他继承了前辈成就，完善了交响曲的古典范式，一生创作了108部交响曲，因此也被后人尊称为“交响乐之父”。

海顿雕像显然成为了这一区域的地标，而且影响力辐射它的周边。这座玛利亚希尔弗教堂在当地被称为“海顿教堂”，附近的电影院叫作“海顿英语电影院”（English Cinema Haydn），你大概能猜到和电影院同在一栋综合楼里的旅馆名字了——是的，就叫作“海顿酒店”（Hotel Haydn）。

如果你是海顿的乐迷，那么不妨从这里沿着玛利亚希尔弗大街向西南方向步行一公里，即可到达这位音乐大师的故居博物馆，从而更加深入地了解他的一生。

教堂内景

咖啡厅、餐厅和酒店

Cafés, Restaurants & Hotels

咖啡之于欧洲人就像茶之于中国人，不仅是一种饮品，更是一种文化。咖啡馆是欧洲人传统的生活空间，坐下来一边喝杯咖啡一边读书看报或与友人会面，已成为他们日常生活中不可或缺的一部分。

在音乐之都维也纳，可以与音乐相媲美的便是形形色色的咖啡馆。室外拥有露天座椅和遮阳棚、室内环境浪漫又古朴的咖啡馆，在维也纳街头几乎随处可见。维也纳人喝咖啡的历史可以追溯到十七世纪，百多年来，不知有多少文人墨客曾经在作品中描绘过维也纳的咖啡馆。

奥地利作家茨威格曾经这样描述维也纳的咖啡馆："相当于某种民主俱乐部，以便宜的价格，向每个人开放。每个人都能点一小杯坐好几个小时，聊天、写作、玩牌、收邮件，最重要的是，消耗掉大量的报纸和杂志。"直至今天，维也纳的咖啡馆中有不少还都保留有装订在老式木报夹上的报纸，供客人翻阅。

维也纳的咖啡馆和巴黎左岸的咖啡馆并称为欧洲大陆两大咖啡馆文化，2011年，维也纳咖啡文化更是被列为世界非物质文化遗产，这让维也纳的咖啡馆更加声名远扬。如果来维也纳，一定要到那些古老的咖啡馆里坐一坐、品一品，感受一下那种悠闲散淡的罗曼蒂克氛围。咖啡和蛋糕，这一对苦与甜的旋律仿佛就是为音乐之都量身定做的味蕾乐谱。它们好像一串串美妙的音符，在维也纳咖啡馆的空气中萦绕、飘荡……

1. 中央咖啡馆（Café Central）——与诗人彼得·艾腾贝格的一场相遇

地　　址：Herrengasse 14，1010 Wien

电　　话：+43 1 5333763

温馨提示：营业时间周一至周六7:30—22:00，周日10:00—22:00，钢琴表演每日17:00—22:00

维也纳中央咖啡馆被誉为世界十大最美咖啡馆之一。顾名思义，中央咖啡馆地处维也纳真正的中心位置，距离霍夫堡皇宫不远。它位于老城区两条大街绅士街（Herrengasse）和灌木街（Strauchgasse）交汇的拐角处，这里曾是贵族云集的街区，地理位置得天独厚，城市中最著名的景点、博物馆以及购物街都在它舒适的步行距离范围之内。

中央咖啡馆始建于1876年，作为当时奥匈帝国首都维也纳最重要的社交场所之一，这里融汇了三教九流和各种文化，成为聚集各类精英的文化沙龙。人们在这里可以谈天说地，交换大量信息。在中央咖啡馆出入的客人可谓藏龙卧虎，他们都把这里当作自己家舒适的书房或客厅，往来自如。毫不夸张地说，中央咖啡馆是维也纳文学和艺术的摇篮，因为很多赫赫有名的人物都曾经是这里的座上客，他们之中包括：作曲家小约翰·施特劳斯，作家斯蒂芬·茨威格、弗朗兹·魏菲尔、罗伯特·穆齐尔（Robert Musil，1880—1942），心理学家西格蒙德·弗洛伊德（Sigmund Freud，1856—1939），建筑师阿道夫·路斯（Adolf Loos，1870—1933），甚至还有革命者列夫·托洛茨基（Leo Trotzki，1879—1940）、列宁（Vladimir Lenin，1870—1924）和斯大林（Joseph Stalin，

1878—1953）。在这间咖啡馆里，有人在谱写音乐的旋律，有人在创造文学的绿洲，有人在编织哲学的花环，还有人则在培育革命的火种……后来在“二战”的空袭中它曾遭到严重破坏并被迫关闭，1982年历经十年翻修后又重新开张，至今它的风格和传统依然保持着全盛时期的状态，吸引着无数游客慕名前来，因此咖啡馆门口常常会出现排队等位的盛景。

中央咖啡馆正门

中央咖啡馆所在的这栋建筑是一座极为奢华讲究的建筑，是著名建筑师海因里希·冯·费尔斯特[1]（这位古典主义大师的作品在后面的“建筑之旅”中还会再做介绍）从意大利旅行归来后，按照威尼斯和佛罗伦萨的建筑特征打造而成的，其独特的意大利文艺复兴风格在巴洛克风格盛行的维也纳街头十分罕见。这座建筑从外面看有着三层高大的空间，窗户上都有着优雅的拱券，外墙上则装饰着精美的雕刻和石像，它的外表看上去就像奥地利人一样低调沉稳。1860年该建筑落成之初是奥匈帝国银行总部和股票交易所；1876年中央咖啡馆在它的一层开业，占据了平面中临街的一块位置。1982年它被命名为费尔斯特宫（Palais

入口处的诗人雕像

1. 海因里希·冯·费尔斯特（Heinrich von Ferstel，1828—1883），奥地利著名建筑师，在十九世纪后期维也纳的建设中发挥了重要的作用。后面“建筑之旅”中的维也纳大学、维也纳应用艺术博物馆都是他的作品。

Ferstel），用设计师的名字来命名建筑物，这在维也纳是极不平凡的一件事，充分显示出了对建筑师费尔斯特的尊崇与肯定。

从正门一进入咖啡馆，我就看到了前方赫然端坐着的一尊雕像，这是一位留着“地中海”式发型、蓄有浓密大胡子的大叔，似乎正用严肃而又好奇的目光打量着刚刚进门的客人。原来，他就是奥地利著名诗人彼得·艾腾贝格（Peter Altenberg，1859—1919），那句描述欧洲人惬意生活的名言“我不在咖啡馆，就在去咖啡馆的路上”就出自他的金口，而他这句话中所指的咖啡馆就是这里，可见中央咖啡馆的非凡魅力！艾腾贝格是中央咖啡馆最忠实的客人，以至于他的信件和洗好的衣服都是直接送至咖啡馆。为了纪念他，咖啡馆里特意在入口处醒目的位置给他留了一个专属座位，也让他成为了咖啡馆的活招牌。

中央咖啡馆的室内豪华气派，气质风格与周边其他建筑截然不同，丛林般的柱子之间是优雅连续的骨架券形成的一系列四分拱顶——那些华丽的金绿色拱券好似延绵不绝的波浪，连成一片欢乐的海洋；它们形成富有动感的优美韵律，令人感到好像有一支明快的华尔兹在耳畔回旋……高大明亮的圆拱形窗户、装饰精美的柱头和骨架券、色彩鲜艳的油漆彩饰、华美大气的铁艺吊灯，一切都散发着文艺复兴时代的浪漫气息。墙上挂着奥匈帝国皇帝弗兰茨·约瑟夫一世与皇后（茜茜公主）的油画肖像，令人仿佛重归那个奥匈帝国版图涵盖欧洲十五国的黄金年代。咖啡馆的中央还摆有一架三角钢琴，每天下午五点后有音乐表演，想必晚上的气氛一定更加富有情调。

咖啡馆的中央是摆放甜点的柜台，品种繁多的点心无论色泽还是造型都十分诱人，令人垂涎欲滴。选一份精致的甜点，再点一杯浓香的咖啡，坐在这古典而优雅的环境中，放缓节奏、细尝慢品地消磨一段慵懒的午后时光，真是一种平日难得的奢侈享受。在这里，与其说是在品尝咖啡，还不如说是在感受一种异国的文化、回味一段传奇的历史，我想这就是中央咖啡馆最大的魅力之所在吧！

最后我还想再补充几句。如果你来到中央咖啡馆，那么不妨围着典雅奢华的费尔斯特宫走走转转，因为这是一栋非常值得一看的古典建筑，其内部的绚丽精彩远远超越了它那谦逊内敛的外表，而中央咖啡馆只是它的冰山一角。据说当年整栋建筑

咖啡馆室内

优雅的骨架券和四分拱（作者手绘）

华丽交错的楼梯

（包括室内）造价昂贵，总共花费了近190万金币，相当于今天的2500万欧元。

由于建筑被夹在赫伦大街（Herrengasse）和弗莱永大街（Freyung）之间，因此建筑底层在这两条大街之间设有一条布满拱廊的通道，两侧都是极有品位的咖啡馆和精品店，相信你一定会被它们吸引而驻足停留。拱廊的尽头还有一处六边形的采光天井，中心是一尊静水流淌的美人鱼喷泉雕塑，这里也是一处令人痴迷的景点。还有，费尔斯特宫内部那纵横交错的交通空间也给我留下了极深的印象，华丽的大楼梯既气派又浪漫。虽然很多地方平时都不对外开放，但即便是隔着玻璃窗向内窥望，也足以让你惊叹于这座建筑的美轮美奂，遥想出它当年那傲人的风华与辉煌。此外，费尔斯特宫内还有好几个大小不一、金碧辉煌的大厅，总共能容纳七八百人，目前对外出租承办活动，可以用作宴会厅和音乐厅。

费尔斯特宫内美丽的一隅

优雅的拱廊通道

六边形的采光天井

2. 莫扎特咖啡馆（Café Mozart）——电影《第三个人》诞生的地方

地　　址：Albertinaplatz 2，1010 Wien

电　　话：+43 1 24100200

温馨提示：营业时间每日8:00—24:00

沿着萨赫酒店的正立面向西走，转过街角便是著名的莫扎特咖啡馆（Café Mozart），这家历史悠久的咖啡馆是维也纳最早的咖啡文化发源地之一，当初它刚刚落成之时，环城大道、国家歌剧院、阿尔贝蒂娜博物馆等这些如今维也纳的著名地标还都没有诞生。

这家咖啡馆创建于1794年（莫扎特去世三年后），所在位置正是萨赫酒店大楼底层的沿街铺面，它的正对面就是阿尔贝蒂娜博物馆，旁侧则是国家歌剧院。后来咖啡馆几易其主，1825年，它在西蒙·克拉（Simon Corra）的经营下成为维也纳第一个露天咖啡厅并迎来了它最初的繁荣。后来在经历了战时萧条和再次复苏之后，它逐渐跻身维也纳最受欢迎的咖啡馆之列，成为最受记者、作家以及剧院的乐手、歌手、舞者们青睐的地方。一时间，好像整个维也纳都格外喜爱在这间小小的咖啡馆里欢聚。不过它最初的名字都不够响亮，一直到1929年，咖啡馆的主人才决定用阿尔贝蒂娜广场上的莫扎特纪念碑（该雕像是1953年才被移至城堡花园的）来命名它，改名为名声显赫的“莫扎特咖啡馆”。由于国家歌剧院就近在咫尺，因此不难想象，马勒等无数著名音乐家、艺术家都曾经光顾于此。

在阿尔贝蒂娜博物馆平台上看莫扎特咖啡厅、萨赫酒店和国家歌剧院

让莫扎特咖啡馆声名远扬的还有一部经典电影——以精美光影著称的黑白电影《第三个人》（*The Third Man*，1949）。英国作家格雷厄姆·格林（Graham Greene，1904—1991）正是在这间咖啡馆里创作完成了《第三个人》，一部以“二战”后的维也纳为背景的悬疑小说。1949年，它被英国导演卡罗尔·里德（Carol Reed，1906—1976）拍成了电影，并在1951年一举夺得第23届奥斯卡金像奖的最佳摄影、最佳导演和最佳剪辑奖项。这部电影完全采用实景拍摄的手法，真实地反映了维也纳战后百废待兴的城市面貌。当年拍摄之时，电影的主创们就下榻在隔壁的萨赫酒店，闲暇时间则大多泡在莫扎特咖啡馆。导演里德尤其喜爱这间咖啡馆，并让它名垂影史——片中的男爵在电话中约男主见面并对他问道：“我们可以在莫扎特咖啡厅见面吗？”于是，电影中出现了在莫扎特咖啡馆会面的一场戏。不过实拍的地点似

莫扎特咖啡馆外观

莫扎特咖啡馆室内

乎并不是这间咖啡馆，因为背景中的圣斯蒂芬大教堂出卖了它的真实位置。《第三个人》中的电影配乐作曲者是维也纳音乐家安东·卡拉斯（Anton Karas，1906—1985），他为电影创作的《莫扎特咖啡馆的华尔兹》（*The Café Mozart Waltz*）一曲，就出现在影片中主角们在咖啡馆外面的露天座位会面的场景之中。而这首曲子的乐谱，现在就被镶在精致的金色镜框内，并悬挂于莫扎特咖啡馆的墙上。

这个沿街坐落的咖啡馆布局为狭长的一字型，临街面十分宽阔。咖啡馆在不断地修缮中状态保持极好，室内装潢古典华丽，带线脚装饰的白色墙壁、晶莹的枝形吊灯、舒适的沙发座椅，这些都给人一种高贵又温馨的感受。特别是房间里人视高度的部分全都是深色木框镶嵌明亮的镜子，这使得本来略显局促的咖啡馆空间仿佛一下子被扩大了许多。这里的侍者都是男生，身穿燕尾服并打着领结，显得十分绅士。如果上午来，你可以享用以“第三个人”命名的一大份早餐；假如是下午到，你可以点一杯招牌的维也纳咖啡，再配上苹果馅饼或萨赫蛋糕，就能度过一个美妙的下午。

莫扎特咖啡馆位于中心区几条大街交汇的街角，室外有很多颇受欢迎的露天座椅，四周游人如织。坐在这里一边品尝着美味的咖啡和甜点，一边欣赏着街头巴洛克式的老建筑与熙熙攘攘的人群，可以充分感受到维也纳街头那种古典与现代交汇的独特魅力。也许你所在的位置就是哪位名人曾经坐过的座椅，闭上眼睛的一瞬间，感觉自己仿佛化身凡·高名画《咖啡馆》中的座上客……

墙上的《莫扎特咖啡馆的华尔兹》乐谱

美味的蛋糕

3. 多梅尔咖啡屋（Café Dommayer）——小约翰·施特劳斯一举成名的地方

地　　址：Dommayergasse 1，1130 Wien

电　　话：+43 1 87754650

温馨提示：营业时间每日7:30—20:30

这间咖啡屋位于美泉宫的西北方向，乘坐U4地铁线在席津（Hietzing）站下车，步行五百米便可抵达。这是一间以维也纳最著名的本土音乐家小约翰·施特劳斯为主题的音乐咖啡屋，它的名字多梅尔（Dommayer）来源于附近曾经辉煌一时、远近闻名的多梅尔赌场（Dommayer's Casino）。

1832年，费迪南德·多梅尔（Ferdinand Dommayer）在席津地区的美泉宫西侧修建了一组叫作多梅尔赌场的华丽建筑；自

阳光下的多梅尔咖啡屋

多梅尔咖啡屋室内

从这个娱乐场所开业后，维也纳的上流社会都喜爱聚集到此处，尽情享受着节日舞会的欢乐。老约翰·施特劳斯和约瑟夫·兰纳都曾在此处进行过音乐会演出。没想到，这个赌场日后竟成为引发施特劳斯父子大战的地方！

小施特劳斯7岁就开始学习作曲，从小就展现出过人的音乐天赋；但是老施特劳斯却不想儿子步自己后尘，没完没了地在奔波、巡演、作曲的生活中循环往复，得不到安宁和休息。他一直极力反对儿子学习音乐，期望他能成为一位银行家。鉴于老施特劳斯在维也纳的影响力，小施特劳斯根本找不到一处可以登台亮相的地方。直到多梅尔赌场的主人被他说服，给了他一次首演的机会。1844年10月15日，不足19岁的小施特劳斯踌躇满志地带着一个15人的乐队、以作曲家兼指挥的身份在这家郊外的赌场里登台亮相，举行了自己人生中的第一场音乐会。他初试啼声便大获成功，轰动了整个维也纳。青出于蓝而胜于蓝，当时维也纳报纸上的标题就是："早安，小施特劳斯！晚安，老施特劳斯！"人们对这位后起之秀充满了期待。老施特劳斯对儿子的叛逆则大为震怒，从此发誓终生再也不来多梅尔赌场演出。

在小施特劳斯的早期发展阶段，多梅尔赌场为他和他的管弦乐队提供了一个固定的表演场地。小施特劳斯对这个地方也颇有感情，从1868年至1878年，他甚至买下了多梅尔赌场附近马克西大街（Maxingstrasse）18号的一栋公寓，并在这里创作出了很多优美的音乐。一直到1907年，多梅尔赌场终于被拆除，在原址上建造起来的是一栋花园饭店——美泉宫公园饭店（Parkhotel Schönbrunn）。这是一栋米色的五层古典建筑，它的外观在过去的一个世纪里几乎没有任何改变。作为一座颇有历史的四星级酒店，近年经过了内部设备升级改造的它依然在热情地迎接着四海来客。

1921年，在距离多梅尔赌场原址不远的多梅尔大街（Dommayergasse）1号，多梅尔咖啡屋诞生了。这家已矗立了近一个世纪的咖啡屋是一座浅米色外墙、白色窗框的二层房子，红瓦的坡屋顶上竖立着"CAFE DOMMAYER"的金色醒目标志。它的门口有两棵枝繁叶茂的大树，还有撑着深红色遮阳伞的室外散座。

踏入临街的正门，只见室内以大片白色壁纸装饰的墙面为主，搭配深色的地面和家具以及酒红色丝绒的座椅，再加上一盏盏华丽复古的水晶吊灯，气氛显得十分古朴典雅。咖啡屋的墙上挂着很多镜框，有小施特劳斯的画像、旧时的剪报还有他的乐谱手稿等等，一切都令人怀想起一百多年前圆舞曲之王在这一带声名鹊起、春风得意的时代。我注意到墙上有一份手写乐谱的名字就叫作《多梅尔波尔卡》（*Dommayer Polka*），想必这一定是小施特劳斯为多梅尔创作的欢乐舞曲吧！

咖啡屋的后面还有一个草木茂盛的室外花园，层层叠落的花盆雕塑极为漂亮，白色铁艺的露天座椅复古味十足。原本我曾看到介绍说庭院中有个小型音乐台，模拟了原来多梅尔赌场内的舞台，但是现场并没有找到，后来向侍者询问才知道早已被拆除了。在花园里，还可以看到一块白色大理石的纪念牌，上面写着"1844年，约翰·施特劳斯曾经在这里初次亮相；1899年，约翰·施特劳斯为年轻的罗伯特·史

《多梅尔波尔卡》乐谱手稿复印件

托兹提供了他未来工作的灵感。”该纪念牌是罗伯特·史托兹俱乐部于1984年捐献的，看来罗伯特（城市公园有他的雕像）这位奥地利流行歌曲和电影音乐作曲家当年也是受到了小施特劳斯的提携呢！

在咖啡屋正门的室外有一块狭窄的三角形绿地，上面竖立着一块花岗岩的纪念碑，石碑上镶嵌着小施特劳斯的铜雕头像和一块纪念标牌，上面写着作曲家的生卒年月和一句话：“他通往世界声誉的道路始于席津。”这尊雕像是模仿城市公园中那座著名的“小金人”的形象而制作的，而这块被称作“约翰·施特劳斯广场”（Johann Strauss Platz）的绿地上空则仿佛正回荡着圆舞曲那优美的旋律。

这家有历史的音乐咖啡屋在当地极受欢迎，总是室内室外都宾朋满座。这里既有诱人的甜点也有美味的菜肴，如果你来美泉宫游览，不妨顺道来这里坐一坐，感受一下小施特劳斯的音乐气息。

门外施特劳斯的雕像

花园内的纪念牌

我在施特劳斯画像前留影

4. 希腊小馆（Griechenbeisl）——与大师们跨时空聚会的地方

地　　址：Fleischmarkt 11，1010 Wien

电　　话：+43 1 5331977

温馨提示：营业时间每日上午11:00至次日凌晨1:00

要说维也纳历史最悠久的餐厅，那么非这家名叫“Griechenbeisl”的希腊小馆莫属。希腊小馆是德文“Griechenbeisl”的直译，从字面上看很容易误以为这是一家希腊餐厅，但其实它得以此名是因为其所在位置正好是历史上的维也纳希腊区。希腊小馆可是一家地道的传统奥地利风味餐厅，它的历史可以追溯到1447年，迄今已有570多年，真是不可思议！

这家小酒馆就隐匿在距离U4地铁线上施韦登广场（Schwedenplaz）站不远的一条小巷之中。从施韦登广场站出来后，映入眼帘的是一条美丽宽广的河流和岸边林立的现代建筑，令人难以置信的是，几分钟后你就会穿越到一个充满历史气息的地方，一个繁华现代都市中的世外桃源。步入这条叫作“Fleischmarkt”（直译为“肉市”，因为过去曾为贩卖肉类的市场）的小巷后，便有一种宛若时光倒流的错觉。这是一条狭窄而古老的街巷，有的路段是用年代久远的石头铺砌的，两侧的房子都充满了饱经沧桑的岁月感。我一眼就看到了希腊小馆外面那个显眼的标志——深色的风笛手木雕配上醒目的金字“亲爱的奥古斯汀”，据说这个名叫奥古斯汀的风笛手是希腊小馆的常客，当瘟疫在维也纳蔓延之时，他曾喝得醉倒在街头、被误作尸体埋在死人堆里；不过他醒来后吹奏起风笛于是得救，并且

我在希腊小馆前留影（早春季节）

夏末秋初季节的希腊小馆

幸运的他并没有染上瘟疫。后来奥古斯汀的故事流传开来，而他也成为了代表着希腊小馆的传奇人物。

希腊小馆是一栋红色泥巴外墙、充满乡村气息的淳朴建筑，和旁边不同材质、不同颜色外墙的其他房子紧密簇拥在一起。我两次来到希腊小馆的季节分别是三月和九月，看到的景象也截然不同。与冬季的萧瑟凋零相比，夏季的小馆门外焕发出了一种欣欣向荣的生机——不仅建筑外墙爬满了郁郁葱葱的藤蔓，室外的露天座椅上方也撑起了遮阳伞。

建筑地上共三层，地下一层是古老的酒窖，各层之间由一个狭小的旋转楼梯相连。令人惊讶的是它的地基居然始于罗马时代，这栋老房子简直就是一部活着的历史书！一窗一墙都是故事，一桌一椅皆为文物。餐厅二楼入口的墙上，镶嵌有1963年餐厅修缮时发现的三枚炮弹，那是1683年奥斯曼帝国围攻维也纳时留下的“纪念”，餐厅经理曾经非常自豪地向我介绍过它们。建筑的地上部分共有八个大小不一、各有特色的用餐房间，分别叫作卡尔斯巴德厅、圆桌厅、马克·吐温厅、齐特琴厅、音乐厅、蜡烛厅、狩猎厅和毕德麦雅[1]风格厅。这些房间有着古典的拱顶和米色的墙壁，布置着深色木质家具、深红色地毯、复古吊灯，墙上挂着老照片或古董挂钟，还陈列有罕见的古老乐器。每一件物品仿佛都能对来者讲述一段或浅或深的历史，一个或长或短的故事。

不过最让这家希腊小馆声名远扬的就是马克·吐温厅（马克·吐温曾在餐厅二楼居住并在此用餐），因为这个房间四周的墙壁简直令人目瞪口呆！只见墙壁下部的深色木头墙裙上挂着很多名人的照片，而上部的灰泥墙壁直至拱形的顶棚上面则密密麻麻地写满了历史文化名人的签名！从音乐家贝多芬、莫扎特、小约翰·施特劳斯、理查·施特劳斯、瓦格纳，到作家歌德、马克·吐温（Mark Twain，1835—1910），再到画家埃贡·席勒（Egon Schiele，1890—1918）等，都曾经在这里留下了他们潇洒的手迹。那些名字如同璀璨闪耀的星光，令这间朴素的小屋顿时熠熠生辉。

从过去到现在，这里始终是艺术家、文学家们喜爱聚会的地方，他们在此高谈阔论、把酒言欢。望着那布满墙面和屋顶的名人签名，我仿佛感受到一股磁场的强大吸引力，一下子就被卷入了时光的漩涡……想象一下，几百年前，这些令人敬仰的大师们也曾在我们今天所处的房间内驻足停留、享受时光，我们脚踏的是同一片土地、触摸的是同一块墙壁，这是多么令人激动的事情啊！这些年里，更有无数像我这样的访客陆续慕名而来，大家来自五湖四海，却都最终都到达了这个神奇的历史地点。于是单向前进的时间轴发生了有趣的扭转，历史、过去和现在发生了影像的重叠，它们交相辉映、彼此召唤；生于不同时代的我们彼此感受到对方的气息，于是产生了灵魂的交流与对话……

这不正是此类历史建筑最吸引人的魅力之所在吗？经过岁月的洗礼与时光的打磨，它焕发出的光彩反而愈发炫目迷人！

---

1. 毕德麦雅（Biedermeier），简单说就是小市民风格，是十九世纪前、中期在维也纳诞生的一种文化。

希腊小馆入口的门洞

马克吐温厅的名人签名

餐厅经理和三枚炮弹

其他用餐房间1

其他用餐房间2

5. 萨赫酒店（Hotel Sacher Wien）——无数名人到访过的地方

地　址：Philharmoniker Str. 4，1010 Wien

电　话：+43 1 514560

如果你问一个维也纳人，当地最著名的酒店是哪一家？大概所有人都会异口同声地告诉你——是萨赫酒店。萨赫酒店由爱德华·萨赫（Eduard Sacher，1843—1892）创建于1876年，是一家历史悠久、私人经营的五星级酒店；它与维也纳国家歌剧院隔街相望，优越的地理位置与奢华的内部环境吸引了无数社会名流和音乐家下榻于此。在过去的几十年里，萨赫酒店接待过的名人中既包括爱德华八世和辛普森夫人、伊丽莎白女王和菲利普亲王、摩纳哥雷尼尔王子和王妃格蕾丝·凯利等王室贵族，也包括诸多与歌剧结缘的著名艺术家。

这是一栋从外到内都能够把你瞬间就带入旧时光轨道的历史建筑，门口头戴高帽、身着红色制服的侍者相当帅气，看似好像皇家骑士。和许多欧洲老酒店一样，这栋五层的建筑入口并没有高大显赫的大堂，取而代之的是尺度亲切、精致温馨的小空间，但装饰却古典华丽、高雅考究，纹路清晰的白色大理石、金碧辉煌的水晶吊灯、优雅精致的石膏线脚、深红色的地毯以及做工细腻的胡桃木家具，无一不低调地散发出一股贵族气息。酒店里还陈列着很多珍贵的古董和价值不菲的绘画，这一切令萨赫酒店呈现出一种原汁原味的欧洲古典浪漫主义味道。

从历史和现今照片的对比中不难看出，酒店外观几乎维持着

萨赫酒店外观

萨赫酒店的正门入口

150年前的风貌，不过2012年酒店终于完成了历时数年的内部翻新，现在这里拥有149间客房，其中包括一些以著名音乐作品如《天鹅湖》《魔笛》等命名的特色套房。

作为古典音乐爱好者，这间酒店最吸引我的是其内部的一个公共空间，它就像一个迷你的博物馆展厅，陈列着到访过萨赫酒店的名人照片。暗红色的墙面上，挂满了大大小小的相框，色泽温暖的灯光下，一张张珍贵的老照片散发着迷人的历史气息和岁月光晕，令人心头变得无比柔软——此情此景令我一下联想到了那部1980年的经典美国电影《时光倒流七十年》（*Somewhere in Time*）中的场景：男主角第一次在酒店地下室的博物馆内看到了倾国倾城的女主角旧照，他痴迷地望着照片，对她一见钟情……在这里，我看到了指挥家伯恩斯坦、卡拉扬、马泽尔（Lorin Maazel，1930—2014）以及歌唱家多明戈（Domingo，1941—　）、卡雷拉斯（Carreras，1946—　）等大师们风华正茂、神采飞扬的面孔，一瞬间就像坠入了岁月河流的旋涡，穿越到了多年以前大师们在维也纳演出的那些个星光闪耀的不眠之夜。大师们有些已经乘鹤西去，但这里却留下了他们的足迹和气息，记录下了他们不朽的容颜和风姿。

萨赫酒店最负盛名的还有萨赫蛋糕（Sacher Torte），这是一种巧克力包裹着杏子酱并配有鲜奶油的甜品，是奥地利的国宝级点心。酒店创始人爱德华·萨赫是著名糕点师的儿子，萨赫酒店从存在的那一天起就以它的蛋糕而闻名。在价格昂贵的萨赫酒店住上一晚可能过于奢侈，不过坐下来点一杯咖啡、配上一块传说中最好吃的巧克力蛋糕，感受一下昔日贵族般的小资情调，倒不失为一个不错的选择。

古典华丽的室内空间

名人照片墙

名人照片墙

宫殿

Palaces

1. 美泉宫（Schönbrunn Palace）——可以眺望全城美景的地方

地　址：Schönbrunner Schloßstrasse 47，1130 Wien

电　话：+43 1 81113239

温馨提示：开放时间每日8:00—17:00，室内禁止拍照

前面说过，维也纳大大小小叫“宫”（Palace）的地点非常之多，如果时间有限只能参观一座大型宫殿，那么一定要选美泉宫（也译作申布伦宫）。维也纳人常说“不到圣斯蒂芬大教堂和美泉宫，就不能算到过维也纳”，可见美泉宫的地位之重要，说它是维也纳的象征一点儿也不为过。

美泉宫局部

这座拥有三百多年历史的宫殿坐落于维也纳市区的西南，远离老城区，不过乘坐U4地铁线可以直达“美泉宫”这一站，交通非常便捷。美泉宫始建于神圣罗马帝国皇帝利奥波德一世（Leopold I，1640—1705）在位的1696年，由宫廷建筑师约翰·费舍尔·冯·埃尔拉赫（Johann Fischer von Erlach，1656—1723）仿照巴黎的凡尔赛宫设计而成，是一座皇家用于避暑的夏宫。其名美泉宫得名于这里的一口泉眼——1617年神圣罗马帝国的马蒂亚斯一世皇帝（Matthias I，1557—1619）曾狩猎于此，并发现一口甘冽的清泉，此地区便从此得名“美泉”。后来，女皇玛丽娅·特蕾莎（Maria Theresia，1717—1780）时期又对美泉宫进行了大规模的改扩建，使其进入了一个辉煌显赫的时代。

美泉宫的建筑是巴洛克艺术的杰作，1996年被联合国教科文组织列入世界文化遗产名录。它总共拥有1441个房间，其中45间对外开放，但非常遗憾的是室内一律不准拍照。气势磅礴的宫殿外表色彩是土黄色、米黄色与白色以优雅的韵律相间构成，室内则大量运用熠熠生辉的金箔装饰，加上波西米亚水晶制作的枝形吊灯、来自东方的陶瓷和漆器等物品的点缀，巴洛克式的雍容奢华令人叹为观止。

美泉宫的面积达2.6万平方米，规模之大仅次于凡尔赛宫。宫殿的外面有一个占地约2平方公里的法式皇家园林，色彩缤纷的花坛和青翠欲滴的草坪都被雕琢成精致漂亮的几何形，与碎石铺砌的地面共同形成美观讲究的构图格局。花坛两侧的高大树木也被一丝不苟地修剪过，形成了一堵整齐的绿墙。与巴洛克式的宫殿相比，我更喜欢这个恢宏壮观的巨大花园，给人一种天高地远的开阔之感。宫殿的正对面、花园的尽头是一个大型喷泉——海神泉，栩栩如生的雕塑生动地讲述了一个美丽的希腊神话传说。再向前走则是一片碧草连天、缓慢升起的青翠山坡，山顶上有一座连续拱券、两翼舒展的凯旋门，是为纪念一场带来和平的正义战争而修建的；它巍然耸立在整个美泉宫的最高点，彰显着哈布斯堡王朝曾经的辉煌。我推荐来美泉宫的各位一定要登上这座观景绝佳的山顶，因为在这里不仅可以俯瞰美泉宫全景，更可以远眺整个维也纳市区——像海面一样波浪起伏的橘红色屋面，偶尔打破天际线的高耸教堂尖顶，曲线优美的绿色远山轮廓，那美丽如画的景色真的令人心旷神怡！

海神泉

开阔的花园

山顶的凯旋门

在山顶鸟瞰美泉宫及维也纳市区

美泉宫是一个历史故事极为丰富的地方。它不仅是茜茜公主和丈夫弗兰茨·约瑟夫皇帝曾经生活过的居所，更是很多音乐家曾经到访过的地方。1762年，年仅6岁的莫扎特曾经在镜厅为玛丽娅·特蕾莎女皇演奏钢琴并技惊四座；1786年，莫扎特的喜歌剧《剧院经理》和宫廷乐师萨列里的《音乐比说话先行》曾先后在橘园厅内上演。

自2004年起，每年的五月底六月初，美泉宫花园都会举办仲夏露天音乐会，由维也纳爱乐乐团和世界顶级的艺术家联袂演出。美泉宫仲夏音乐会是继金色大厅新年音乐会之后，维也纳政府倾力打造的又一世界顶级音乐会，而且是对所有的维也纳市民及游客免费开放！仲夏季节来维也纳旅行的朋友可是有福了——在美泉宫花园柔软的草坪上、维也纳静谧迷人的星空下，聆听这样一场大师级的露天音乐会，那将是多么梦幻而美妙的幸福体验呀！

2. 美景宫（Belvedere Palace）——克里姆特的《吻》和布鲁克纳的临终小屋

地　　址：Prinz Eugen-Strasse 27，1030 Wien

电　　话：+43 1 795570

温馨提示：开放时间周日至周四9:00—18:00，周五9:00—21:00，周六9:00—19:00

在维也纳，除了美泉宫外还有一座知名宫殿，那就是美景宫。和美泉宫相比，位于第三区的美景宫距离老城区更近一些，可以乘坐公交车直接抵达。

迄今已有三百年历史的美景宫是奥地利亲王欧根（Eugen，1663—1736）的夏宫，它坐落在一块有落差的坡地之上，于2001年被联合国教科文组织列入世界遗产名录。美景宫由两幢巴洛克风格的宫殿组成，由建筑师约翰·卢卡斯·冯·希尔德布兰特（Johann Lucas von Hildebrandt，1668—1745）操刀设计。建筑师充分利用了场地的自然特征，将只有单层的建筑“下美景宫”设在地势低处并面朝城市，将三层高度的“上美景宫”布置在地势高处，强烈的高差对比更加衬托出后者的非凡气势。两栋宫殿都是米色外墙，不过屋顶颜色却一绿一红，颇有趣味地遥相呼应。建筑之间的宽广绿地则被打造成一个美轮美奂的巴洛克式大花园，布置成几何纹样图案的植物、华丽的喷泉、精美的雕塑都显示出尊贵的皇家风范。站在上美景宫的室内眺望窗外，能够欣赏到整个花园、下美景宫和部分城市景观的秀美景色。

美景宫虽然不及美泉宫雄伟壮丽，但却是奥地利国家美术博

下美景宫

上美景宫

从上美景宫远眺下美景宫

物馆，拥有很多珍贵的馆藏艺术绘画。其中下美景宫收藏的主要是中世纪、巴洛克时期的艺术作品，而上美景宫则收藏了十九、二十世纪的一些名家名作。最值得一看的是上美景宫中的近现代作品，其中既有古斯塔夫·克里姆特[1]、埃贡·席勒[2]、奥斯卡·科柯西卡[3]等维也纳本土画家的大量绘画，又有法国印象派的克劳德·莫奈[4]、皮埃尔·奥古斯特·雷诺阿[5]等人的杰作。其中尤其以克里姆特的作品收藏最丰富，而他的代表作《吻》更是镇馆之宝。如果你对艺术感兴趣，那么真值得花上半天时间在这里好好欣赏那些不朽的艺术创作。

原本我对克里姆特印象不佳（可能是他夺走马勒夫人阿尔玛初吻的故事令我对他没什么好感），但是在美景宫亲眼观摩了他的大量绘画作品后，我不禁深深为他的才华所折服，对他的看法也有了天翻地覆的改变——不管他的私生活如何，他的艺术创作具有划时代的开拓性，他是一位非常伟大的画家！

1900年前后的维也纳是一个不可复制的辉煌年代，那时的维也纳是全世界聚焦的舞台，外在的张力和内在的冲突正在酝酿着一场艺术领域中的暴风骤雨。文学家、艺术家们都在努力探索从古典主义转向现代主义的道路，各种先锋思想都在蓬勃生长、激情碰撞。一心要与传统决裂的分离派就诞生于这个变革的时代，而画家克里姆特正是分离派的代表人物。

从展品中可以看出，他的早期人物绘画作品都是比较细腻写实的古典主义风格，但是到了后来，你能明显感到他在逐渐转向具有装饰特征的现代主义风格，这一点在他1907年创作的巅峰之作《吻》中表现得淋漓尽致。当你面对大师的真迹，才更能真切感受出画中人的情绪和那些透过细节所流露出的情感——那一对紧紧相拥的

---

1. 古斯塔夫·克里姆特（Gustav Klimt，1862—1918），奥地利著名的象征主义画家，维也纳分离派的创办者之一，也是维也纳文化圈代表人物。
2. 埃贡·席勒（Egon Schiele，1890—1918），奥地利重要的表现主义画家，师承古斯塔夫·克里姆特，作品以人物肖像、自画像为主，表现力强烈。
3. 奥斯卡·科柯西卡（Oskar Kokoschka，1886—1980），奥地利表现主义画家、诗人兼剧作家，曾与马勒遗孀阿尔玛热恋三年，其代表画作《风中的新娘》就是以阿尔玛为原型创作的。
4. 克劳德·莫奈（Claude Monet，1840—1926），法国著名画家，被誉为“印象派领导者”，是印象派代表人物和创始人之一。
5. 皮埃尔·奥古斯特·雷诺阿（Pierre-Auguste Renoir，1841—1919），法国印象派重要画家，以油画著称，亦作雕塑和版画。

恋人，男子双手捧着女子的脸，将灼热的唇印在她娇嫩的面庞上……这一切被采用平面图案化的处理手法刻画出来，并不过分强调透视；身体的形态被隐藏在一片金灿灿的服装之下，各种用金箔制作的拼贴图案突出了作品的艺术性，而那些圆形、方形的彩色图案则极具装饰韵味。这对恋人跪坐在一片缤纷的花坛上，背景也是一片迷离的金雾，传递出一种陶醉的情绪……在这幅金光闪闪、气氛摄人的作品面前，你会感到吻是如此虔诚动人、辉煌灿烂，内心不禁燃起一股浪漫温馨、富有激情的生命冲动……我想，这大概就是伟大作品那直抵心灵深处的艺术魅力吧！

这里席勒的作品也非常多（收藏席勒作品最多的是维也纳博物馆区的列奥博多博物馆，后面的“建筑之旅”中有介绍），而且也十分令我震惊。他的作品大都揭示了人类心灵的痛苦，往往令人感到触目惊心。尤其是他的那些人物画像，夸张的造型、扭曲的肢体、阴郁的色彩和神经质的线条，并不美好的画面却具有超强的表现力和感染力，令人能真切感受到激烈的画面中所表达的那种灵魂与肉体的苦痛挣扎……可惜才华横溢的席勒只活到28岁，他和克里姆特都死于1918年欧洲流行的一场西班牙流感，被那场瘟疫夺走生命的还有建筑大师奥托・瓦格纳……

欣赏完上美景宫内的绘画展览，我的心情久久不能平静。出于对克里姆特绘画的由衷喜爱，我在纪念品商店里选购了一条以克里姆特绘画作品为图案的丝巾，旅行中需要一些这样的留念，让你能够在多年之后的某一天重新点燃往昔时刻的美好回忆。

我没有忘记自己来美景宫的另一项重要任务——寻找音乐家安东・布鲁克纳（Anton Bruckner，1824—1896）的临终小屋。我十分喜欢布鲁克纳的作品，也非常敬佩这位作曲家兼管风琴演奏家，他是虔诚的天主教徒，一生共创作了九部交响曲。他在维也纳大学担任音乐教授时，马勒常去听他的课；马勒是布鲁克纳的支持者，同时也深受他的影响。布鲁克纳的作品带有浓厚的宗教色彩和明显的管风琴音响效果，具有深邃的哲理性和引人沉思的静谧气氛，给人一种仰望星空、放眼宇宙的恢弘壮阔之感。这位伟大的音乐家终身未娶，他把自己的一生都无私地奉献给了音乐和上帝。

之前我在书上看到介绍说，美景宫内有一处房子是布鲁克纳在维也纳的最后一

克里姆特的《吻》

席勒的《拥抱》

布鲁克纳的小屋

仰望大师

处住所，那是1895年皇帝赠送给他的小房子。可是这一路从北向南依次经过下美景宫、花园到上美景宫，我始终没有发现这处音乐家最后的故居。上美景宫的门厅内有个信息咨询台，于是我向那里的一位工作人员询问。他的回答令我大跌眼镜："哦，我在这里工作八年了，你是第一个向我询问这个问题的客人！"天啊，难道来美景宫的人都是只看绘画作品的吗，竟然没人关心布鲁克纳的小屋？！我不禁为布鲁克纳心疼了起来。接着那位先生立刻热情地对我说，他可以帮我在网上查一查。很快，他兴奋地喊了一声："有了，在这里！"我从他的电脑屏幕上看到了那个小屋的位置，原来它隐藏在上美景宫东南方向一排不起眼的小平房之中，确实不太容易被发现。最后，那位先生兴奋地搓着双手对我说，十分感谢我提出了这个问题，今天下班后他一定要过去瞻仰一下大师的小屋。

从上美景宫出来后绕到它的背面即南侧，向东放眼望去，就看到了那排白墙红顶的小屋。在最北侧那间小屋的墙上，有一块方形的白色大理石纪念牌，上面用金色的字体写着："安东·布鲁克纳，1896年10月11日，于此屋去世。"纪念牌上还有一块布鲁克纳的侧面浮雕铜像，下方则装饰着一个花环，有个蓝色牌子上写着对他的评价——"安东·布鲁克纳是那个时代最伟大的管风琴演奏家，他写了九首交响曲和美妙的宗教音乐。”

在旁边高大华丽的上美景宫对比之下，这间小屋显得朴实无华甚至简陋寒酸。然而在这狭小有限的空间里，布鲁克纳却创作出了具有宇宙精神、气势磅礴的宏伟交响乐作品。在此居住期间，布鲁克纳正在创作《第九交响曲》，疾病缠身的他感到来日无多，打算把这首作品献给上帝作为告别曲。令人惋惜的是第四乐章还没有完成，上帝就将他匆匆带走，留下这部残缺的天鹅之歌……

历史上有很多作曲家都难逃《第九交响曲》的魔咒，贝多芬、舒伯特、马勒、德沃夏克都是在创作完《第九交响曲》后便溘然长逝，布鲁克纳也未能幸免。在“布九”的前三个乐章中，死亡的神秘和阴影一直笼罩在音乐之中，这或许就是生命之烛即将熄灭时的心灵感应吧。也许，以这样一种未完成的方式存在于世，对于这部交响曲来说才更具深意。

美景宫（作者手绘）

其他

Others

1. 音乐屋（House of Music）——让耳朵成为眼睛

地　　址：Seilerstätte 30，1010 Wien

电　　话：+43 1 5134850

温馨提示：开放时间周一至周日10:00—22:00

音乐屋就坐落于距离萨赫酒店东侧不远的地方，这其实是一坐小型博物馆，它将高科技与音乐完美结合并且寓教于乐，爱乐者一定不可错过。

这栋建筑物本身就有着悠久的历史，两百年前，这里曾经是一栋辉煌的宫殿，之后又经历了公寓、办公楼、小旅社等各种功能的变迁，直到2000年终于被改建成音乐屋博物馆。它的门脸并不显

音乐屋的入口

眼，但进门通过一段低矮的走廊后便感觉豁然开朗——眼前是一个五层通高的明亮中庭，透过上面的玻璃屋顶可以看到一方蓝天。音乐屋的口号是“让耳朵成为眼睛”，这里设计了很多激发人们听觉乐趣的互动装置，可谓是一座充满想象力与趣味性的博物馆，无论大人还是孩子，都会为那些美妙的旋律和神奇的声音所倾倒。

这里的一切都和音乐有关，就连楼梯都设计成钢琴键盘状，当你踩上去就会发出不同的乐音，墙面上对应的音符也会跟着闪烁。博物馆的一层至四层为展厅，其中一层为维也纳爱乐乐团的展览，包括历届新年音乐会、历任指挥及乐团成员的介绍。二层则是一个奇妙的声音体验馆，在这里，你可以听到母腹中羊水的声音，还有风声、雷声、海浪声、山谷里的声音、沙漠中的声音等很多大自然的呼唤。那些声音有的细微如呼吸，有的遥远似星辰，当你用敏感的耳朵去仔细捕捉那每一种独特的声音时，你会惊讶地发现，原来心灵真的可以跟随耳朵去旅行、自由穿行于广袤的天地间！三层就是音乐家介绍了，这里有为海顿、莫扎特、贝多芬、小施特劳斯等音乐家而设的展厅，不仅有语音导览器为参观者讲述音乐家的故事，而且室内播放着他们的音乐，还陈列有他们的手稿、乐器等其他珍贵纪念品。

中庭

音乐键盘楼梯

贝多芬厅

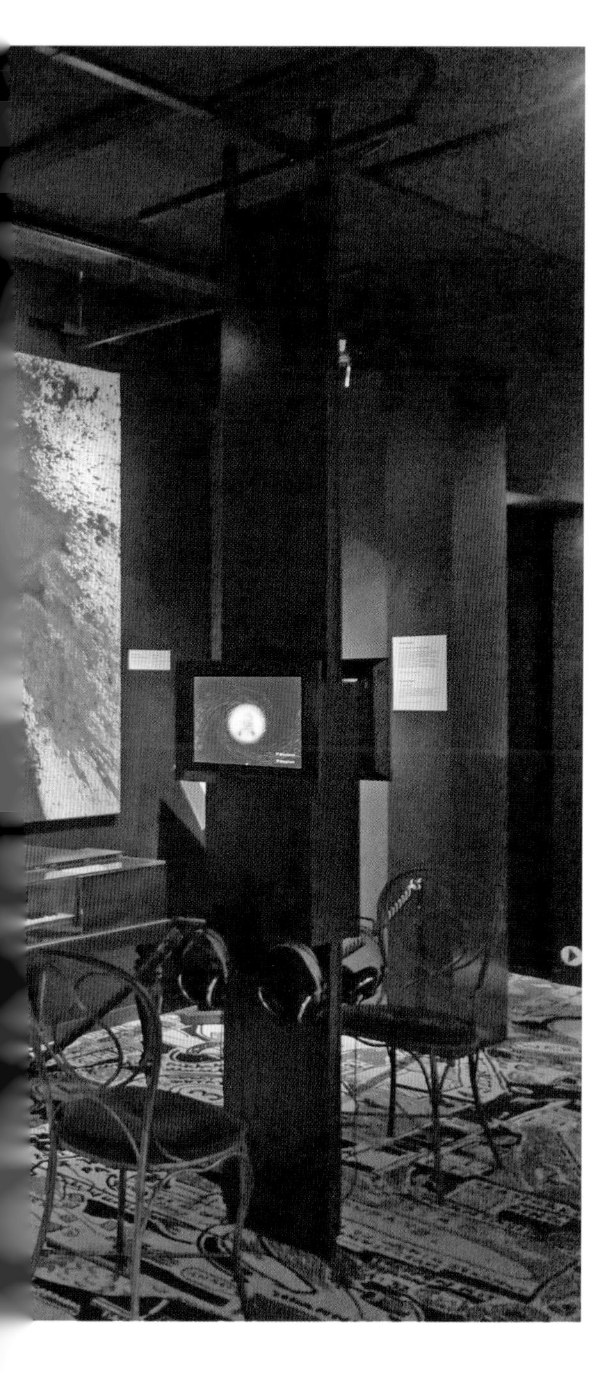

参观的过程中有很多意外的惊喜，尤其是穿过贝多芬厅后，呈现在我眼前的居然是马勒厅——那可是我心头最爱的音乐家啊！耳畔回荡的正是他《第五交响曲》中的小柔板，那是他写给阿尔玛的爱情告白，每个音符都饱含柔情，我称之为“史上最动人的音乐情书”。缱绻缠绵的弦乐编织出一张无形的网，令人沉入其中无处可遁……这里展示了一些马勒留下的手稿，包括曲谱、信件、论文，甚至还有他学生时代的数学作业。

我仔细端详着马勒厅的每一样展品，突然被一个悬挂在高处的玻璃盒子吸引了，内心掀起一阵狂喜——没想到我遍寻不到的大师遗容面模竟然就在这里！原来这是一位艺术家在他的石膏面模上用颜料等做了处理，使之呈现出一种出土文物般年代久远的色彩和质感，更增添了几分悲剧气氛。我从各个角度仰视着这位我心目中的音乐巨人，看着他那因病痛折磨而越发清癯的面孔，伤感的泪水不能自已地漫出了眼角……我在电视墙前凝坐了很久，在音乐萦绕的气氛中观看那些关于大师的影像。这时，一个

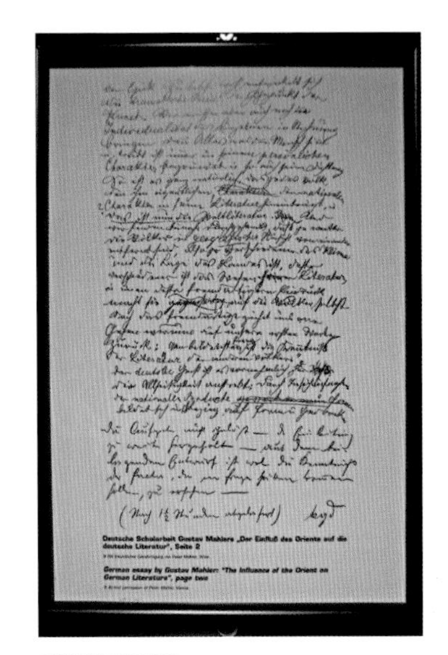

马勒的论文手稿

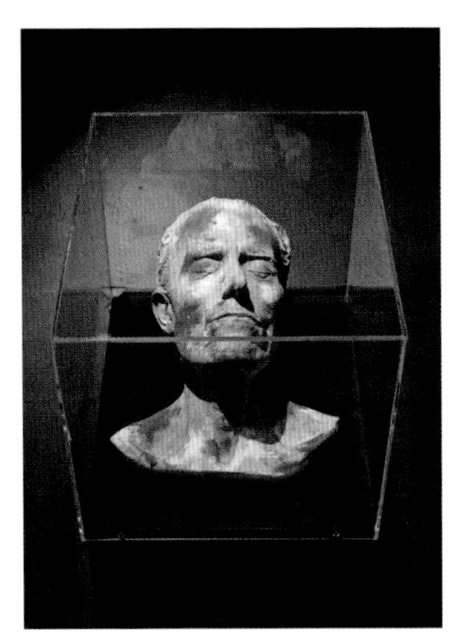

马勒的遗容面模

缓慢而悠远的陌生旋律仿佛来自天籁，温柔地徘徊在我耳畔；我看了下播放曲目名单，原来是他的《第十交响曲》。是的，《第十交响曲》因为是马勒的未完成交响曲，之前我一直没太关注。此时此刻，这首曲子却深深打动了我，令我的内心飘起了霏霏细雨……在后面的旅行中，我在柏林爱乐欣赏音乐会时看到有卖西蒙·拉特（Simon Rattle，1955— ）指挥的马勒《第十交响曲》后，便毫不犹豫地买了下来。

三层还有一个妙趣横生的虚拟指挥台，是个极受欢迎的地方。参观者可以手拿带有电子感应器的指挥棒，面对大屏幕上的维也纳爱乐乐团进行指挥，就仿佛是站在金色大厅的指挥台上一样。根据指挥棒的力度和速度，乐队的演奏会发生轻重缓急的变化。如果指挥得好，你会赢得乐队的掌声；如果指挥得太差，屏幕上的交响乐团成员则会陆续站起身来愤然离去……这是个很有创意的互动游戏，吸引了很多人前来围观。

四层则是一个关于未来的展厅，这里有个“大脑歌剧院”，可以将参观者的肢体动作和电子声音操控相结合，从而创造出不同的音乐。四层参观路线的终点站是一个纪念品商店，里面卖的都是和音乐相关的纪念品，每一件都设计得颇有创意。在经历了刚才那样神奇的音乐之旅后，终于可以挑选心仪的礼物，好好犒赏一下自己。琳琅满目的商品中，最吸引我的是那些印有音乐

虚拟指挥台

图案、造型各异的马克杯，每一只都玲珑可爱，令人爱不释手。买几个带回去无论是送人还是自用都赏心悦目，用它泡茶想必都会萦绕出音符袅袅、仙乐飘飘的香气！

漂亮的马克杯

这是一个世界上独一无二的音乐屋博物馆，它把音乐、音乐史、声学和高科技完美结合在了一起，通过各种互动设施启发参观者自己潜在的音乐创意，让人们了解声音、感悟音乐，同时还能在有趣的体验中获得启迪。

2. 奥地利国家图书馆（Austrian National Library）——蕴藏在霍夫堡皇宫中的一颗明珠

地　　址：Josefsplatz 1，1015 Wien

电　　话：+43 1 53410

温馨提示：开放时间周三至周日10:00—18:00，周二14:00—18:00，周一闭馆

“世界上最美的图书馆”的清单有很多版本，不过其中十有八九都有这一座上榜——那就是位于霍夫堡皇宫中的奥地利国家图书馆。

如果你在地图上查看霍夫堡皇宫，一定会感觉它的平面布局奇形怪状。是的，因为这座宫殿是从十三世纪至二十世纪历经多次改扩建的产物，所以才演变成今天这种拥有18个翼、25个庭院、2500个房间的庞大“迷宫”。

作为哈布斯堡王朝的冬宫（夏宫是美泉宫），霍夫堡皇宫可谓相当的豪华气派。现在这里的主要功能是博物馆、收藏馆，用于展示皇家文化的珍藏。不过，一个室内美到令人窒息的图书馆也隐匿其中——那就是奥地利国家图书馆，它是欧洲最大的巴洛克风格图书馆，我个人认为它的艺术观赏价值当居霍夫堡皇宫之首。

国家图书馆的入口位于约瑟夫广场这一侧，是一个正对着广场上青铜战马雕像的圆形拱门。如果从米歇尔广场沿着马术学校大街（Reitschulgasse）朝东南方向一路走来还比较好找，但如果是从霍夫堡宫的博物馆、银器馆、珍宝馆那边过来恐怕就容易迷路了——因为要穿越一系列的门洞、庭院和通道后，才能到达约瑟夫广场。

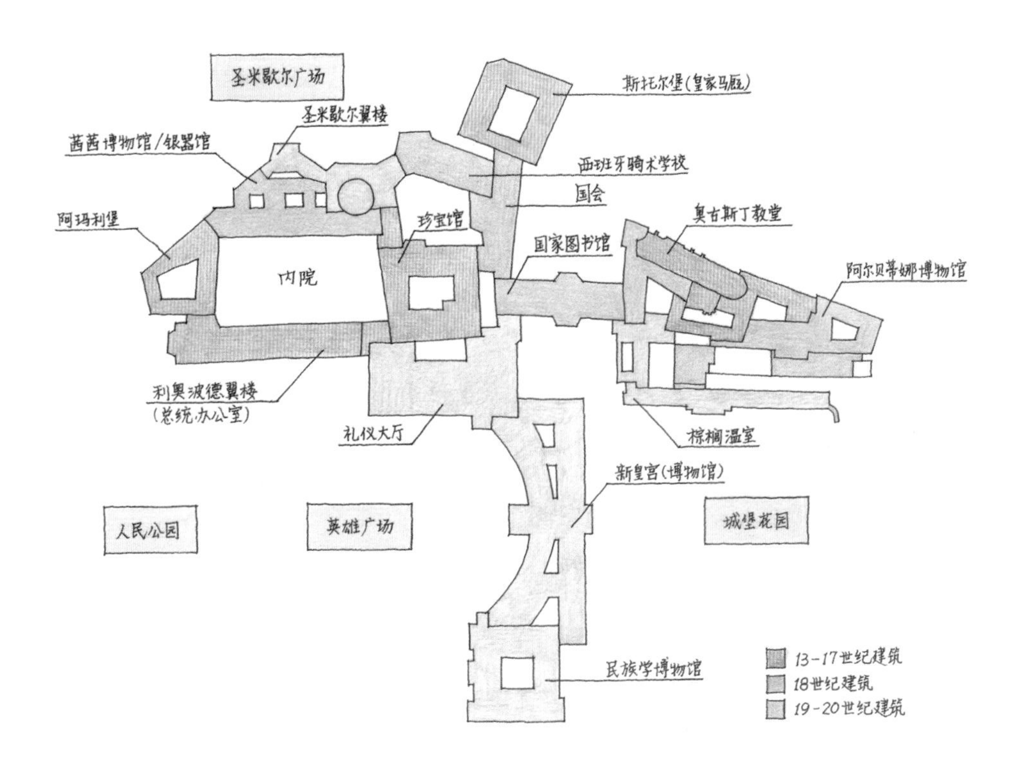

霍夫堡皇宫的平面示意图（作者手绘）

约瑟夫广场是一个方形广场，中心伫立着皇帝约瑟夫二世（Joseph II，1741—1790）骑马的青铜雕像；广场三面围合，白色的三层建筑呈U字形，位置居中的就是国家图书馆，深红色的屋顶上装饰有两个耀眼的巨大金球以及好几组人物、战马的雕像。这座图书馆原为皇家图书馆，当初是奉皇帝查理六世之命修建的，设计者正是著名的宫廷建筑师约翰·费舍尔·冯·埃尔拉赫（美泉宫的设计者）。1723—1726年，约翰去世后，其子约瑟夫·费希尔·冯·埃尔拉赫（Joseph Fischer von Erlach，1693—1742）根据父亲设计的图纸监督完成了建造。1920年，图书馆被收为国有，正式更名为国家图书馆。

国家图书馆入口处的约瑟夫广场

从圆形的拱门入口进入大厅，再沿着楼梯登上二楼，你将进入图书馆的普隆克厅（Prunksaal）——一个令人惊艳和无比震撼的巴洛克艺术结晶，它比电影《哈利波特》中魔法学院的图书馆还要典雅华丽、倾倒众生！

两层通高的普隆克厅占据了建筑面对约瑟夫广场的整个立面，它长77.7米、宽14.2米、高19.6米，中央那个椭圆形大厅更是整个图书馆的精髓之所在——中心竖立的是皇帝查理六世的大理石雕像，周边陪衬的则是其他哈布斯堡家族成员的雕像；两层高度的深色胡桃木书架环绕四周，上面点缀着曲线繁复的金色装饰；椭圆形的穹顶高大饱满，上面生动细腻地描绘着缤纷绚丽、歌颂皇帝的彩色壁画；明亮清澈的天光从屋顶那八个圆窗倾泻进来，水流如注般的光线充盈着整个室内空间，令人感到心境开阔、精神气爽……抬头仰视着这美轮美奂的巴洛克大厅，环顾四周这金碧辉煌的一切，你会有种时光倒流三百年的错觉。

除了奢华典雅的建筑室内，那些顶天立地的双层书架也令人大饱眼福。有专门的木质小楼梯通往上层的书架和挑台，密密麻麻排布的深色古老书籍令人宛若置身于浩瀚的知识海洋。两侧摆放着一些玻璃展柜，里面陈列着图书馆馆藏的珍品。据说该馆内收藏有20万册古书，横跨1501年至1850 年，其中包括欧根亲王的15000册珍稀藏书。图书馆藏品中既有古版书、印刷书、地图、铜版画，也有海顿、莫扎特、贝多芬等音乐家的珍贵手稿。中央大厅内还布置有四个巴洛克式装饰的精美地球仪，每个直径都在一米以上。

这里是一座文化的圣殿，一景一物都给人一种沉甸甸的历史感，令人心中肃然起敬。每一个参观者都会被这里的强大气场所震慑，心怀敬畏地放轻脚步。这座古老

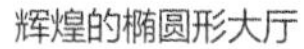
辉煌的椭圆形大厅

查理六世的雕像

的图书馆无愧于“世界最美图书馆”之称号，它承载了奥地利乃至欧洲的悠久历史，蕴藏着丰厚无价的文化遗产。

这座当年的皇家图书馆也和音乐有着奇妙的联系。从1780年开始，普隆克厅内就开始上演各种音乐会，其中大多是巴赫、亨德尔（Handel，1685—1759）等巴洛克大师的作品。这些音乐会对年轻的莫扎特颇有启发，对他日后的创作产生了深远的影响。后来，在这间大厅里，莫扎特亲自指挥并演出了他改编的四部亨德尔大型作品——《阿西斯与加拉提亚》《弥赛亚》《亚历山大之宴》和《圣西西利亚颂歌》。

欧洲虽然有很多历史悠久的教堂和宫殿，但是如此古老且壮观的图书馆却并不多见。它是霍夫堡皇宫中蕴藏的一颗璀璨明珠，相信它一定会带给你超出预期的惊喜！

图书馆内景

XIV
XII

3. 道布林格音乐书店（Doblinger Music and Publishing）——爱乐者的必到之处

地　　址：Dorotheergasse 10，1010 Wien

电　　话：+43 1 515030

温馨提示：开放时间周一至周五9:30—18:30，周六10:00—13:00，周日休息

这家音乐书店可谓遐迩闻名，是音乐爱好者们的必到之处。它位于繁华的格拉本（Graben）大街南侧一条与之垂直的街巷中，距离黑死病纪念柱不过两百米距离，与圣斯蒂芬大教堂也相隔不远。

它的历史可以追溯到两个世纪前。1817年，一家开展音乐租赁业务的机构在维也纳成立，后来发展为一家二手音乐商店。

今天的音乐商店外观

1857年，一位叫路德维希·道布林格（Ludwig Doblinger）的商人买下了这家音乐商店。几经改换地址后，1873年，这家商店终于落户在如今这个老城区的中心位置。1876年，音乐商店被伯恩哈德·赫兹曼斯基（Bernhard Herzmansky）收购，他创立了出版社并开始出售乐谱，而且坚持继续沿用"道布林格"的名字作为商店和出版社的名称。这家音乐商店在维也纳已经存在了整整两个世纪，它已经发展为当地最重要的音乐出版社之一，无论在国内还是国外的音乐界都是一个响亮的名字。

道布林格音乐商店位于一栋五层建筑的首层，这是一栋建于十七世纪下半叶、披着浅米色外墙的巴洛克式建筑，而底层音乐商店那深褐色的立面显得格外醒目。有一幅描绘这家音乐商店1926年样貌的图画，对比之后你会惊讶地发现，时光在这里仿佛凝固了一般，一切依旧维持着一个世纪前的模样，不曾改变。

走进这家音乐商店，就像坠入了音乐的海洋，白色拱券下紧密排列的货架上各种商品可谓种类繁多，令人眼花缭乱。这里不仅展示和销售来自众多出版社的乐谱、

1926 年的音乐商店

音乐商店室内

音乐书籍，还有各类唱片、光盘等音像制品，内容涵盖了古典音乐和流行音乐。店里还有个古物区，销售一些罕见的音乐印刷品，例如老旧的音乐海报、乐谱和书籍，喜欢淘古董的乐友估计会立刻爱上这个角落。

当然，店里还有各式各样的音乐纪念品，例如杯子、笔袋、本子、胸针、丝巾等，都与音乐密切相关，而且设计新颖、做工精致，令人爱不释手。无论自己留作纪念还是当作礼物送人，都是不错的选择。

总之，你的各种音乐诉求在这家店里都会得到极大的满足；只要踏进了这家音乐商店的门槛，你就一定不会空手而归！

第二部分

建筑之旅

Part 2

Architecture Tour

必须要了解的几位奥地利本土建筑大师

行走在维也纳的内城区，总会让人产生一种宛若时光倒流般的恍惚之感。这里的街道狭窄且纵横交错，道路都由那种排列呈弧形放射状的砖石铺砌而成，特别富有年代久远的历史感。这座城市保留下来的建筑跨越了几个世纪，巴洛克式、哥特式和罗马式等不同风格的建筑见证了它那内涵丰富、源远流长的发展历史。2001年，维也纳历史中心区作为世界文化遗产被列入《世界遗产名录》[1]。然而作为文化艺术之都，维也纳的文化特征不仅是历史古迹，还有它时尚而精巧的当代建筑艺术，它们就像一扇扇灵动的窗口，从不同角度展示着维也纳日常文化活动的多样性。在维也纳街头，你时常会看到传统与现代建筑的碰撞，会产生一种奇妙的时空穿越感。在历史中心区，新老建筑的和谐共存反倒创造出一种独特的共生关系，给人留下极为深刻的城市印象。

游走在维也纳的街头，要想更好地欣赏这座城市的建筑艺术，那么有几位奥地利本土建筑大师可是必须要了解的。因为他们的名字和作品已经融入了这个城市的血脉，成为了构成维也纳独特魅力的重要元素。

奥托·瓦格纳（Otto Wagner，1841—1918）

奥托·瓦格纳

1.《世界遗产名录》是1976年世界遗产委员会成立时建立的。世界遗产委员会隶属于联合国教科文组织，致力于保护世界文化和自然遗产。世界遗产包括世界文化遗产、世界文化与自然双重遗产、世界自然遗产共三类。

奥托·瓦格纳是一位出生于维也纳的建筑师和城市规划师，维也纳现代运动的伟大先驱者；他为维也纳的城市建设做出了巨大贡献，被誉为“现代维也纳城的设计者和创造者”。瓦格纳在奥地利的知名度大约相当于赖特在美国或者梁思成在中国，可以说是家喻户晓。

瓦格纳的职业生涯跨越了半个世纪，那段时期（十九世纪末至二十世纪二十年代）正值建筑界经历着从历史主义[1]逐渐转向现代主义的蜕变。随着十九世纪工业的兴起和城市的扩张，旧的设计方法遇到了发展瓶颈，如何传承与创新、催生出顺应时代的新建筑样式成为了建筑界的热门议题，巨大的思想变革正在酝酿之中。这一时期，各国的建筑师们都在用不同的方法探索着新时代的建筑之路，兴起了各式各样的“新建筑运动”。在英国，有追求手工艺、反对机械化生产的工艺美术运动；在美国，有反对复古主义、提倡形式随从功能的芝加哥学派；在比利时，有放弃传统装饰风格、强调自然曲线的新艺术运动；在维也纳，则发展出一支新艺术运动的分支——欲与传统美学观决裂、与正统学院派艺术分道扬镳的分离派（也称“维也纳分离派”，Vienna Secession）。

维也纳分离派在历史上非常著名，它指的是1897年至1915年活跃于奥地利的一支艺术流派，其组织成员包括一群有探索精神的建筑师、设计师、艺术家等，他们决定为了艺术的自由而与传统分离。分离派运动在绘画、建筑、工艺设计、招贴画、插图艺术等诸多领域均有不俗的表现。这群先锋艺术家们的口号就是：“我们就是要与正统的学院派艺术分道扬镳！”

分离派主张创新，设计风格大胆独特，重视功能的“实用性”与“合理性”，强调运用抽象的表现形式，善用线条简洁的几何形状，特别是正方形和矩形。著名的画家古斯塔夫·克里姆特和建筑师奥托·瓦格纳、约瑟夫·霍夫曼、约瑟夫·马里亚·奥布里奇（Joseph Maria Olbrich，1867—1908）

---

1. 这里的历史主义指的是十九世纪在西方建筑界占主导地位的复古主义和折中主义。复古主义者认为历史上某几个时期（如古希腊和古罗马）的建筑形式和风格是不可超越的永恒的典范，只要模拟效仿那些经典建筑即可；折中主义者也认为要沿袭已往的建筑模式，不过他们认为不必拘泥于某一形式或风格，而可以把多种样式和风格拼合在一座建筑上。

等都是分离派的代表人物。特别是瓦格纳，他是霍夫曼和奥布里奇的老师，其设计思想与建筑风格在19世纪80年代已表现出与装饰主义的分离，故被称作“分离派之父”。

这一时期，他的建筑思想发生了巨大变化。作为一位影响深远的教育者和理论家，他出版了《论现代建筑》（此书被认为与柯布西耶的《走向新建筑》具有同等的影响力），认为新建筑要来自当代生活，表现当代生活。他的建筑作品推崇整洁的墙面、水平线条和平屋顶，认为从时代的功能与结构形象中产生的净化风格具有强大的表现力。他于1904年创作的维也纳邮政储蓄银行，风格简洁现代，成为建筑史上的重要里程碑，引领奥地利建筑迈入现代主义。

身处世纪之交的瓦格纳正是连接了卡尔·弗里德里希·申克尔[1]和密斯·凡·德·罗[2]的那一代建筑师——他是最后一代精通古典主义美学的大师，一生坚守着古典主义的精美外观，但是骨子里却已经在向现代主义迈进。瓦格纳是现代主义的积极倡导者，他指出：“现代艺术必须为我们提供现代的思想和形式，能够代表我们的才能、行为和喜好”；他激进的理性主义、实用主义观点对建筑界产生了深远的影响，并导致了建筑的革命性演变。

漫步在维也纳美丽的城市风景中，你总会与瓦格纳的作品不期而遇——除了很多的公共建筑地标，还有街道上优雅的地铁站亭和城铁高架桥！淡雅的苹果绿色是它们的标志性色彩，点缀着这座朝气蓬勃的古老城市。你能够强烈地感受到，瓦格纳的灵魂依然存在于他热爱并且为之奉献一生的这座城市之中。

---

1. 卡尔·弗里德里希·申克尔（Karl Friedrich Schinkel，1781—1841），普鲁士建筑师、城市 规划师、画家、家具及舞台设计师，德国古典主义的代表人物。其作品多呈现古典主义或哥特复兴风格，极大地影响了柏林中区今日的城市风貌。
2. 密斯·凡德罗（Ludwig Mies Van der Rohe，1886—1969），德国建筑师，现代主义建筑的开拓者，与赖特、勒·柯布西耶、格罗皮乌斯并称为现代建筑四大师，坚持“少就是多”的极简主义设计风格，在处理手法上主张流动空间的新概念。

阿道夫·路斯（Adolf Loos，1870—1933）

阿道夫·路斯

阿道夫·路斯是一位出生于捷克的奥地利建筑师，是现代建筑的先驱者，二十世纪最伟大的建筑师之一。他是从传统向现代发展过程中的过度性人物， 二十世纪初头脑最清醒的建筑师之一；他既不同于保守派，也不同于维也纳分离派或德意志制造联盟，是新建筑运动中一个极为独特的杰出人物。

路斯最著名的就是提出了“装饰就是罪恶”的口号，此外，他的“体积规划”（Raumplan）理论也对现代建筑有着重要影响，而他对这一理论的实践是通过住宅作品的设计进行的。

他在维也纳学习了建筑之后，于1893—1896年在美国游历了三年，熟悉了芝加哥学派[1]和路易斯·沙里文[2]的理论。他发现美国建筑中既有古典传

1. 芝加哥学派是十九世纪七十年代兴起于美国芝加哥的建筑学派，这个学派突出了功能在建筑设计中的主导地位，明确提出形式服从功能的观点，力图摆脱折中主义的羁绊，使之符合新时代工业化的精神。
2. 路易斯·沙里文（Louis Sullivan，1856—1924），是芝加哥学派的一个得力支柱，他提倡的“形式服从功能”为功能主义建筑开辟了道路。他是第一批设计摩天大楼的美国建筑师之一，在美国现代建筑革新中起着重要作用。

统又有将实用与美学相结合的创新精神，这段经历对他后来的建筑生涯产生了巨大影响。当他从美国回到维也纳后，他变成了一位信奉简约的功能主义者，在建筑风格上追求着崭新的现代性。

1908年，路斯发表了《装饰与罪恶》的文章，他批判维也纳分离派中那些虚假的装饰，他认为掩盖了材料真实性的装饰是一种文化上的退化，指出那些装饰是不经济、不实用和不必要的。这种装饰的“罪恶”在于它分散和浪费了本该用于社会性事业中的时间和精力。

在维也纳的历史中心区，你会和路斯的经典之作邂逅；不过路斯的作品还是以私人住宅为主。他提出的“体积规划”是一种关于室内空间系统的理论，他认为建筑设计是一种三维的建造活动，所有的空间应该按照需要被界定，然后组织到一个形体之中。路斯在他的住宅设计中实践并完善着他的“体积规划”理论。

汉斯 · 霍莱茵（Hans Hollein，1934—2014）

汉斯 · 霍莱茵

在奥地利，汉斯 · 霍莱茵是一位妇孺皆知的建筑大师。他出生并成长于维也纳，从维也纳美术学院毕业后去美国留学，先后就读于芝加哥伊利诺理工学院和加州大学伯克利分校，获得建筑学硕士学位后他曾在不同的事务所工作，三十而立之年他回到故乡维也纳并开设了自己的事务所。他是一位持续活跃于欧洲德语区的建筑师和艺术家， 1985年他荣获了建筑界的奥斯卡——普利兹克奖[1]，他也是迄今为止唯一一位获得这项殊荣的奥地利建筑师。

汉斯·霍莱茵热爱设计并具有非凡的天赋，他涉及的设计领域从建筑到家具，再到珠宝、玻璃、灯具，甚至门把手。作为一位为维也纳建筑文化做出极大贡献的当代建筑大师，他的建筑风格也是在不断变化，从最初的通俗艺术转向后现代主义，后来又转向表现主义。他的作品具有神话色彩和传奇特质，他善于运用多种元素来塑造丰富整体与空间变化，利用材料结合环境与文脉赋予建筑文化艺术内涵，并力求创造出建筑精神与心理层面的价值。在设计实践中，他并不拘泥于某种风格，而是一直在尝试和探索先锋精神与实验性。美国建筑大师理查德·迈耶（Richard Meier，1934—　）曾这样评价他："他突破性的思维方式对建筑师和设计师产生了巨大影响。"

遗憾的是，2014年80岁的汉斯·霍莱茵因病逝世了。然而，你依然会在维也纳这座城市中强烈地感受到这位大师留下的气息，为他的现代作品与传统文化碰撞中所激发的火花而感动。

蓝天组（Coop Himmelblau）

蓝天组的主创沃尔夫·普瑞克斯

1. 普利兹克奖（Pritzker Prize），由凯悦基金会在1979年设立，用以每年授予一位在世的建筑师，表彰其在建筑设计中所表现出的才智、想象力和责任感的优秀品质，以及通过建筑艺术对建筑环境和人性作出持久而杰出的贡献；它是世界建筑领域的最高奖项。

1968年的维也纳，三名激情燃烧的年轻建筑师组建了以“蓝天组”为名的建筑事务所，他们分别是沃尔夫·普瑞克斯（Wolf D. Prix，1942— ）、海默特·斯维茨斯基（Helmut Swiczinsky，1944— ）和雷纳·霍尔兹（Rainer M. Holzer）。后来霍尔兹和斯维茨斯基分别在1971年和2001年选择了离开，蓝天组一直在普瑞克斯的领导下在建筑设计和城市规划领域积极拓展业务，是一支活跃于国际建筑舞台上的维也纳建筑设计事务所。

蓝天组这个标新立异又充满乌托邦幻想的名字，是他们挑战传统建筑秩序的宣言。他们似乎是故意要打乱现代建筑依靠笛卡儿坐标与欧几里得几何学所建立起的规则，作品中满是“摇滚”般的离经叛道和对自由无界的狂热追求。在建筑界，蓝天组可谓解构主义的急先锋，他们的作品可以用“疯狂”来形容。他们在设计中采用激进、前卫、实验性的探索手法，使建筑造型奇异而夸张，给人以强烈的视觉冲击。他们的作品虽然外表看上去非常“不建筑”，但其实上他们非常注重内部空间的设计，强调建筑在城市中的位置与变化。他们认为建筑所具有的空间品质能够带给人们一种崭新的体验，而城市的公共空间就是一种不断变化的过程，因此蓝天组所追求的就是对空间的全新体验和视觉刺激。

在维也纳，如果你看到一个与周边环境“格格不入”、甚至令人大跌眼镜的现代建筑，那么十有八九就是蓝天组的作品了。然而这种新老建筑不同风格的兼容并蓄、共生共存，也正是维也纳城市面貌的特征之一，散发着一种韵味独特的文化魅力。

古典建筑

Classical Architecture

1. 维也纳应用艺术博物馆（Museum of Applied Arts/ Museum für Angewandte Kunst）——开设在应用艺术大学隔壁的博物馆，绝对值得一看的古典建筑和艺术展览

建 筑 师：海因里希·冯·费尔斯特（Heinrich von Ferstel）

建造年代：1868—1871

地　　址：Stubenring 5，1010 Wien

温馨提示：开放时间周二10:00—21:00，周三至周日10:00—18:00，周一闭馆

作为一名建筑师，在生活和旅行中我都会不由自主地把注意力投向身边的建筑物，这已经形成了一种职业习惯。虽然古典建筑也很吸引人，但我更为关注的其实还是那些精彩、创新的现代建筑，这点可能是旅行中建筑师和普通旅游者兴趣点存在差异的地方。

在此书中，照理说古典建筑只会因为与音乐家们的关联而出现在“音乐之旅”部分；而在“建筑之旅”的推荐清单中，从时间线上看，我怎么也要从奥托·瓦格纳开始写起，因为他是从古典主义迈向现代主义建筑的一位跨时代大师 。然而最终我还是决定将两栋古典建筑也纳入建筑之旅部分，因为在建筑师的眼中，这二者实在是古典建筑中的杰作，其精髓不仅仅浮于华丽的表面，而更在于内部深刻感人的空间，这样出色的设计即使在今天

海因里希·冯·费尔斯特

也给人以启迪。相信它们一定会让你感到不枉此行！而我在写作过程中查阅资料时才惊讶地发现，这两栋令我不忍割舍的建筑竟然都出自同一位建筑师之手——海因里希·冯·费尔斯特！而且，前面“音乐之旅”中提到的中央咖啡馆所在的费尔斯特宫也是他的作品，还是用他的名字来命名的呢！

海因里希·冯·费尔斯特是十九世纪末奥地利一位非常重要的建筑师。他毕业于维也纳美术学院，曾游历欧洲并受到意大利文艺复兴风格的影响。他的重要作品包括感恩教堂、费尔斯特宫、维也纳大学，还有就是本节介绍的维也纳应用艺术博物馆。

这座博物馆（简称MAK）地处环城大道上的显要位置，著名的城市公园（Stadtpark）就位于其南侧。博物馆修建于1868年至1871年间，它最初的名字叫作皇家艺术与工业博物馆，是1863年弗兰茨·约瑟夫皇帝批准创立的。博物馆北侧毗邻的建筑是著名的维也纳应用艺术大学（University of Applied Arts Vienna），这所大学的前身正是1867年创立的皇家工艺美术学校。1875年，完成了博物馆设计的建筑师费尔斯特受邀在博物馆旁再设计一座学校，就是今天的维也纳应用艺术大学。

这两栋古典建筑颇有些相似之处，都是三层高度、棕红色砖墙，都有着优雅的拱券、精美的线脚和细腻的檐口雕刻，采用的也都是意大利文艺复兴风格；从立面上看，二者几乎连为一个整体，但又有着些许差异——应用艺术大学的立面更为典雅细腻，窗口的线脚也都是与墙面同一色系的棕红色，外墙上还有着绚丽夺目的金色壁画装饰；

博物馆的沿街立面

博物馆左侧相连的应用艺术大学

当年的博物馆立面设计图纸

而博物馆的立面则更为粗犷大气，采用中间三层、两端两层的古典对称形式，底部的基座、窗口两侧以及外墙转角处均采用了大块的浅色石材作为装饰，显得浑厚坚实、遒劲有力。

维也纳应用艺术大学可谓人才辈出，早期分离派的代表人物约瑟夫·霍夫曼、阿尔弗莱德·罗勒[1]都曾在此任教，画家古斯塔夫·克里姆特、奥斯卡·科柯西卡都曾在此学习；而后来，建筑大师汉斯·霍莱茵以及蓝天组骨干成员等也都是从这所学校走出的设计天才。

1. 阿尔弗莱德·罗勒（Alfred Roller，1864—1935），奥地利画家、平面设计师、舞台布景设计师，维也纳分离派的代表人物之一，曾为马勒指挥的歌剧设计舞台美术。

维也纳应用艺术博物馆是整个欧洲大陆上建立的第一座工艺美术博物馆，其宗旨是将工业与艺术相结合；它以伦敦1852年建立的南肯辛顿博物馆为样板参考建造，落成之初只是样品收藏室，如今则全面展现了应用艺术、设计、建筑和现代艺术之间的非凡联系。

这座博物馆的正门十分窄小，很不起眼，因此并没有引起我多少期待。但是从低矮的小门进入之后，我才惊讶地发现，原来这是费尔斯特欲扬先抑的高招——一个三层拱券柱廊环绕的矩形中庭呈现于眼前，明媚的阳光透过顶部的玻璃天窗上洒下室内，光明敞亮、豁然开朗的高大空间令人感到极为震撼！

一百多年来，这栋建筑物曾经几经改造更新——1907年，建筑师路德维希·鲍曼（Ludwig Baumann，1853—1936）为它扩建了面积2700平方米的展厅；1991年，建筑师赛普·穆勒（Sepp Müller，1927—2010）将博物馆中部的展厅与旁边另一栋相邻的建筑物以玻璃连廊衔接了起来，使得博物馆从另一栋建筑位于韦斯基尔奇

令人震撼的中庭

首层的柱廊

中庭局部

纳大街（Weiskirchnerstrasse）的入口也可以进入。除去展览空间之外，博物馆内还拥有一个商品极为丰富的设计商店、一个时尚华丽的美食餐厅和一个拥有20万册艺术藏书的公共阅览室。

无论是永久展还是临时展，这里的展览都相当精彩。展厅内陈列有玻璃器皿、陶器、金属、瓷器、家具等，还有纺织品、地毯和东亚的工艺美术品，时间跨度从中世纪直至当下，充分展示了应用艺术的过去与现在。馆内有一个非常特别的历史藏品展厅，专门展览了1900年前后新艺术运动时期的家具，其中有不少是大师的作品，例如奥托·瓦格纳、约瑟夫·霍夫曼、阿道夫·路斯（他们也都是建筑师）等，令人忍不住仔细审视每一件展品显示出的创造力，并惊叹于那个时代设计师跨界的多方

增设的玻璃连廊

椅子展廊

面才华。还有一个专门的椅子展廊给我印象颇深——不同年代、形式各异的椅子，被依次摆好并投影到后面的屏风上；参观者在屏风形成的通道上边行走边欣赏两侧那些优美的椅子剪影，就像在岁月的河流中缓缓穿行，回到了那个曾经无比辉煌的年代……如此特殊的展陈方式本身就非常有设计感，令人过目不忘。此外，位于地下的MAK设计实验室也非常值得一看，它选择了实验室的前卫理念，与经典的永久展览形成鲜明的对照。地下的展览主要围绕着日常主题进行设计，比如烹饪、饮食、座位和装饰，展示了设计如何积极地改变人们的生活方式，拓宽了人们对于“设计”这一概念的理解。

如果你对设计和装饰艺术感兴趣并且时间充裕，那么很可能会在这个博物馆里消磨掉大半天时间而浑然不觉。这里的展览巧妙利用不同的方法为我们开辟了新的视野，并且成功地让参观者洞察到艺术与社会发展之间的关系。我个人非常喜欢这个地方，良心五星级推荐！

展厅之一

霍夫曼设计的家具

2. 维也纳大学主教学楼（Main Building of University of Vienna）—— 文艺复兴风格的古典学院

建 筑 师：海因里希 · 冯 · 费尔斯特（Heinrich von Ferstel ）

建造年代：1873—1884

地　　址：Universitatsring 1，1010 Wien

将维也纳大学的这座主教学楼也列入“建筑之旅”部分，一来是因为它位于贝多芬故居的对面，可以顺道一起参观；二来也是因为它本身杰出的建筑艺术确实十分值得欣赏。同前面的MAK博物馆一样，它的设计师也是海因里希·冯·费尔斯特。

维也纳大学由鲁道夫四世[1]公爵于1365年创办，它是德语世界中除布拉格大学以外最古老的一所大学，迄今已有650余年历史。维也纳大学拥有多个校区，其中规模最大的主校区就坐落于环城大道旁边。在其马路对面，就是有着金色雕像的里本伯格纪念碑（Liebenberg-Denkmal）和位于高台之上的贝多芬纪念馆。

这座维也纳大学的主教学楼修建于1873年至1884年，是典型的文艺复兴风格。它的沿街立面呈左右对称，既古典端庄又雄伟壮丽——中间部分为高起的三层，优雅高贵的孟莎式四坡屋顶非常引人瞩目；左右两边平缓舒展的侧翼则是两层，连续的窗户与拱券充满了优美的节奏与韵律感。建筑有一层半地下室，首层距离地面有一定高差，入口处高起的大台阶和左右两侧的坡道都显示出非凡的宏伟气魄。

1. 鲁道夫四世（Rudolf IV, 1339—1365），哈布斯堡家族成员，奥地利公爵。

从里本伯格纪念碑看维也纳大学

这座教学楼有着惊人的尺度——长161米、宽133米，占地面积约21500平方米，气势相当恢宏。建筑平面巧妙地采用了院落式的布局，中心有一个阳光充足、空旷开敞的绿色庭院，两侧则各有三个小型庭院，因此建筑的采光通风都没有问题。面积达3300平方米的中央庭院绿草如茵、清幽静谧，周边围绕的是灰色的教学楼和柱廊，学院氛围十分浓郁；学生们三三两两地坐在草地上谈天说地，这里是极受欢迎的户外休憩和交往空间。庭院中间有两棵葳蕤的大树，还伫立着一座雕像喷泉，那是山林水泽女神卡斯泰利娅，象征着智慧的源泉滔滔不绝、永不枯竭。

入口门厅

交通空间

中央庭院

从内院回看主入口处

庭院周边的柱廊

庭院四周围绕的是宽阔深远、浑厚凝重的拱廊，里面陈列着137座名人雕像，他们都是维也纳大学的著名校友和教授学者，其中包括精神分析学家西格蒙德·弗洛伊德（Sigmund Freud，1856—1939）、物理学家克里斯琴·约翰·多普勒[1]、作家茨威格等人，一个个名字都如雷贯耳。这些象征人类杰出智慧的铜像错落有致地排列着，沿着粉红色的墙壁和立柱依次向前延伸，在装饰精美的拱顶映衬之下显得格外宁静悠远，令人心中油然而生一股崇拜、敬畏之情。

教学楼的室内也古典而华丽，其中给我印象最深的是入口门厅两侧气宇轩昂、庄重对称的大楼梯，如此豪华气派、动人心魄的交通空间在校园建筑中实属罕见。教学楼的地下室是雄伟的大礼堂，二楼中央是庆典礼堂，内院空间与回廊相互穿插，整栋建筑都散发着浓郁深沉的文化气息，体现出凝重典雅的学院派风范。

1. 克里斯琴·约翰·多普勒（Christian Johann Doppler，1803—1853），奥地利物理学家及数学家，因提出“多普勒效应”而闻名于世。

从维也纳大学出来后，可以看到不远处有一座法国哥特式教堂，其标志性的双塔非常醒目。它就是设计维也纳大学主教学楼的建筑师费尔斯特的成名之作——感恩教堂[1]，有时间并且感兴趣的话，不妨顺便拜访一下。

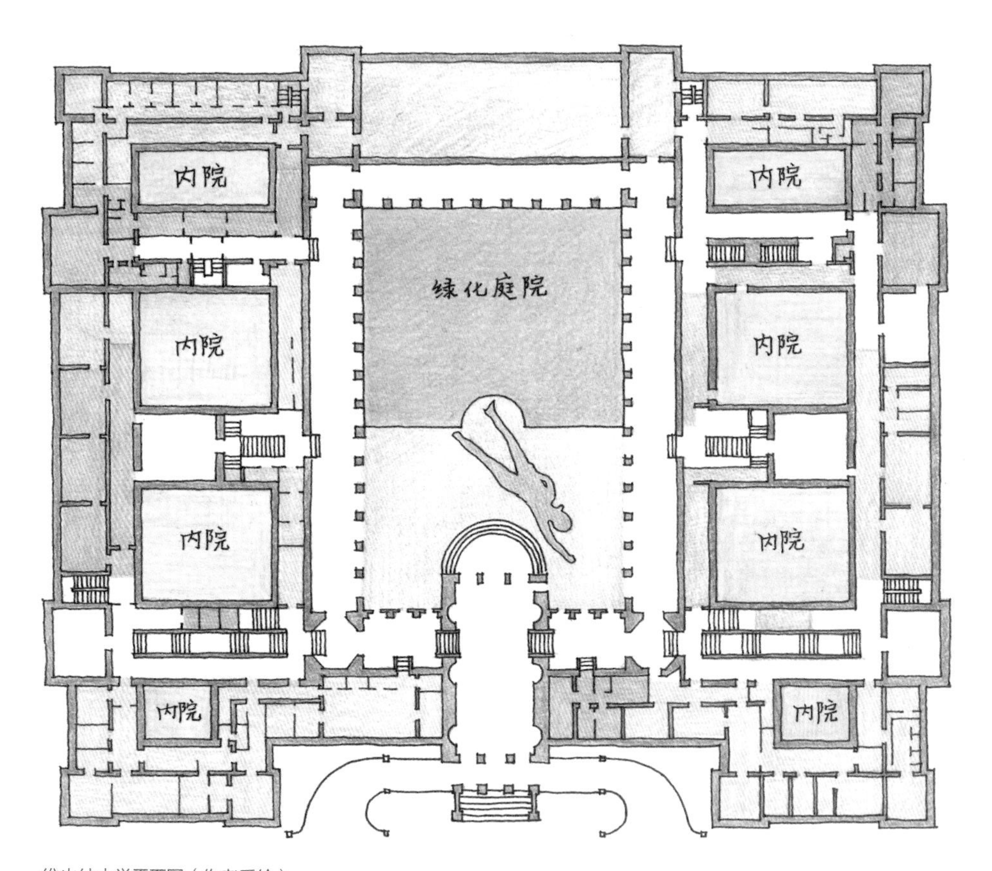

维也纳大学平面图（作者手绘）

1. 感恩教堂，又称沃蒂夫教堂（Votivkirche），哥特式风格，1856—1879年建造，距离维也纳大学很近，其标志性的双塔尖顶可以从街上一眼望到。

近现代建筑

Modern Architecture

1. 邮政储蓄银行（Postsparkasse）——现代建筑史上的里程碑

建 筑 师：奥托·瓦格纳（Otto Wagner）

建造年代：1904—1912

地　　址：Georg-Coch-Platz 2，1010 Wien

电　　话：+43 59 998 999

温馨提示：开放营业时间周一至周五10:00—17:00，周末关门

对于建筑系毕业的学生来说，瓦格纳设计的邮政储蓄银行可谓耳熟能详，因为它是从古典主义迈向现代主义的里程碑，维也纳新艺术运动中的代表作，建筑史课程中必讲的经典建筑。然而当我怀着朝圣的心情来亲身感受这栋建筑之后，我不得不诚恳地说，这栋建筑的魅力大大超出了我的预期，教科书上的图片远远表达不出它实际的诸多精彩之处。

乘坐U1或U4线在瑞典广场（Schwedenplatz）站下车，再步行四百米左右就能到达这座邮政储蓄银行了。这是一栋体量相当庞大的六层大厦，平面近似于梯形，内部设有好几个采光通风的内院。建筑上部的四层是白色，底下的两层为米黄色，立面比例划分严整，与街道两旁的其他建筑十分协调。但是仔细观察你便会发现，和周边那些带着许多繁复装饰的巴洛克式建筑相比，这座银行的立面可谓简约利落了许多。长方形的窗洞口上没有任何

鸟瞰图

入口处的主立面

线脚，墙面上只有一种简单却新颖的装饰——白色或米黄色的石材饰面用铝制螺栓固定，圆形的螺帽真实坦诚地裸露在外面，形成排列整齐的图案。这是瓦格纳为了缩短工期而发明出的快速施工方法，没想到竟然产生了一种令人耳目一新的独特装饰效果。整栋建筑的外表坚实敦厚、沉稳冷静，传递出一种从容不迫的安全感，这也正是瓦格纳想要人们感知的——他们的钱放在这里是安全的！入口处的雨篷令我感到十分惊讶——瓦格纳居然大胆前卫地采用了轻盈通透的玻璃悬挑，下面仅用十分纤细的钢柱来支撑！这样的设计即使在一个世纪后的今天看来也毫不落伍。

走进大门后，首先要穿过一个大楼梯的过厅。过厅里面的侧墙上写着“在约瑟夫一世殿下的旨意下，奥托·瓦格纳于1904年至1906年间主持建造”的纪念性话语，还有一尊当时的皇帝弗兰茨·约瑟夫一世的胸像。踏着红毯拾级而上，再横穿过一条走廊，忽然我眼前一亮，进入了一个光明开敞的大空间——我终于看到了学生时代在教科书上见识过的那个著名营业大厅！

当年教科书上那黑白图片传递的信息太过有限，而现场给人的感受可谓是相当震撼！中间高、两侧低的屋顶全部采用的是玻璃天棚，大块的玻璃镶嵌在纤细精致的金属框格上，还有开启扇可以通风；天光透过半透明的磨砂玻璃屋顶照射进室内，整

过厅

个大厅无须照明就十分敞亮。两排上粗下细、身姿挺秀的金属柱子支撑着轻巧的玻璃屋顶，金属柱子的上下两截分别采用了不同的色彩和材质，布满柱身的铆钉装饰给人以强烈的现代工业感。最令我感到惊讶的是大厅的楼面（不是地面）居然采用了玻璃砖，这在当年得是多么新颖的想法！这样的设计使得位于地下层的邮件分拣室巧妙地获得了天然采光，真是令人拍案叫绝！在这里，瓦格纳颇有创意地采用了玻璃、钢、铝等新材料并真实地体现出它们的特性，整个大厅给人的感觉是纯白素净、宽敞明亮，同时又简洁大方、摩登时尚。

穿过大厅往里走，我意外地发现里面竟然有一个关于瓦格纳的小型博物馆，房间内部布置着关于瓦格纳的展览，用以纪念这栋建筑的设计师。这里不仅有关于瓦格纳的纪录片，还有大量他绘制的设计草图、相关项目图纸和建筑模型（其中有一个巨大的邮政储蓄银行模型），看完之后令人不禁对这位实践丰富、勇于变革的大师心生敬意。瓦格纳作为建筑师和城市规划师，为维也纳的城市风貌作出了巨大贡献，难怪他会被当地人民尊称为“维也纳之子”。我还注意到，室内柱子的上部、墙与楼板相接的顶端都有一些黑白线条的图案装饰，原来这是瓦格纳以抽象的几何图案来隐喻古典柱头、以简洁的黑白线条来代替传统的复杂线脚，这些都是他在摒弃历史主义、迈向现代主义做出的勇敢尝试。正如他自己所言：“不实用的东西都不可能是美的。”

和完美的照片相比，很多房子给人的现场感受都不尽人意，但是邮政储蓄银行却恰恰相反，现场的体验远超过照片。这栋建筑被保护得非常完好，几乎是维持着当年的原样。作为建筑师，瓦格纳不仅设计了邮政储蓄银行的建筑外观，还包揽了室内几乎所有的装饰，包括散热器、灯具、门把手、家具、货架等，每一处细节之中都能感受到他独有的匠心。

在现场的体验中，我看到了很多动人的细节和超前的设计手法，很难想象，这竟然是一百多年前设计建成的房子！瓦格纳的精益求精以及他在与传统“分离”的探索之路上表现出的胆识、勇气和才华都令我佩服得五体投地。这是一栋注定会被载入建筑史的伟大建筑，而瓦格纳也足以凭借它名垂青史。

营业大厅

玻璃砖楼面

大厅内的钢柱

瓦格纳的展厅

底层墙裙细部

2. 分离派展览馆（Secession）——新艺术运动的报春花

建 筑 师：约瑟夫·马里亚·奥布里奇（Joseph Maria Olbrich）

建造年代：1897—1898

地　　址：Friedrichstrasse 12，1010 Wien

电　　话：+43 1 5875307

温馨提示：开放时间周二至周日10：00—18：00（周六11：00提供英语导览），周一闭馆

1897年成立的分离派视觉艺术协会是一个先锋派组织，以画家克里姆特、建筑师瓦格纳等人为代表的艺术家们决心同传统美学阵营决裂，去追求当代艺术的自由。次年落成的这座分离派展览馆是为分离派协会建造的一座画廊展馆，用以汇集当代艺术作品，并展现给更多的观众。它既是先锋艺术家们的大本营，又体现了新艺术运动之创新探索精神，自落成后便令分离派更为名声大振、家喻户晓。

分离派展览馆位于老城区市中心，距离卡尔广场地铁站不到三百米，由分离派鼻祖建筑师奥托·瓦格纳的学生约瑟夫·马里亚·奥布里奇设计而成。作为维也纳旅行必看的经典项目，这座建筑象征着维也纳分离派艺术家心中的精神旗帜和堡垒，代表着他们的艺术主张和对新世界的向往。它的建筑功能和美学品位都经受住了时间的考验，直到今天依然为当代艺术提供了一个极佳的展示舞台。

在蓝天白云的映衬下，这栋头戴金冠的白色建筑显得格外耀眼。它的平面呈规整的几何形，立面庄重对称、典雅大方，同时充满了简洁明快的现代感。建筑师奥布里奇想把它设计成一座艺术的圣殿，他在设计时联想到了西西里岛上的古老神庙，并努力

沿街主立面

主入口

尝试用现代的手法来体现神庙的意象。瓦格纳的建筑和克里姆特的绘画都给他以启发，于是他采用了简单的几何形体来进行空间塑造，厚重连续的墙壁使得建筑看起来像是由一系列坚实的立方体构建而成。与此同时，为了缓和直线几何形式的呆板，他对立面加以恰到好处的装饰，并采用曲线给建筑注入灵动的生机。最吸引人眼球的设计是顶部那个华丽而硕大的金色镂空球形雕塑——一个由2500片镀金叶片和342个浆果组成的月桂树皇冠，直径达8.5米！它被当地人亲切地称为“金色卷心菜”，同时也隐喻着“艺术与生活之联盟的革新”和“回归艺术与文化的重要起源”等这些分离派所倡导的追求。入口的主立面上还有一些其他的金色装饰——左侧墙面上的字体“Ver Sacrum”是分离派协会杂志《神圣的春天》的名字；入口上方的金句则是分离派运动的口号：“每个时代都有它的艺术，每种艺术都有它的自由。”门洞上方的墙壁上不仅刻画着金色的月桂树，还装饰着三个蛇发女妖的头像，分别代表着绘画、建筑和雕塑。

建筑的首层被划分为两个空间，一个是给人以神圣感的高大门厅，另一个则是空间开阔但相对低矮一些的展厅。展厅内部均为纯净的白色，仅仅点缀有几颗极细的

高大的门厅

展厅

柱子，整体风格简明利落，没有任何多余的装饰。展厅的屋顶先后被一层倾斜、一层水平的玻璃采光顶所覆盖，经过两次漫射的光线柔和而明亮地照耀着室内。这里用于陈列临时展览，据说一年大约可以承办10到15次当代艺术展览。

真正的镇馆之宝位于地下一层，那就是1902年克里姆特为第十四届分离派展览所创作的《贝多芬长卷》。那次展览的主题是向贝多芬致敬，它是分离派历史上最成功的展览之一，历时两个多月的展览吸引了近6万名观众前来参观。21名艺术家展出了他们的艺术作品，展览力求将建筑、绘画、雕塑和音乐等不同形式的艺术重组在一个共同的主题之下，体现了分离派对于综合艺术的观点。

克里姆特的《贝多芬长卷》标志着他创作黄金期的开始。在一个狭长而高大的房间里，克里姆特绘制的巨幅壁画长达34米、高达2.2米，完整环绕着房间四周三面墙壁的顶部，那点缀着金箔的辉煌色泽和二维平面的图案化效果令人忍不住啧啧赞

1902年第十四届分离派展览会上的分离派成员合影。
前排（左起）：科罗曼·莫塞（克里姆特前方戴礼帽者）、马克西米利安·伦茨（躺者）、恩斯特·斯朵（戴礼帽者）、埃米尔·奥利克（坐者）、卡尔·摩尔（躺者）；后排（左起）：安东·斯塔克（戴礼帽者）、古斯塔夫·克里姆特（坐者）、阿道夫·波姆、威廉·李斯特、马克西米利安·库兹韦尔（戴便帽者）、利奥波德·斯杜巴（戴礼帽者）、鲁道夫·巴彻（戴礼帽者）

《贝多芬长卷》展厅

叹。该绘画是作者在理查德·瓦格纳[1]对贝多芬《第九交响曲》的诠释基础上创作的，画面上有裸女、怪兽和英雄，描绘了人类凭借智慧与爱的力量战胜恶魔、追求幸福生活的故事。整幅画卷一气呵成，缤纷多姿，充满理想与希望，同时也洋溢着英雄无畏、不屈不挠的贝多芬精神。克里姆特的作品大胆突破了传统的绘画形式，他运用具有象征意义的形式语言，展示出浓郁的华丽风格与工艺化的精美，使作品表现出强烈的装饰性。

分离派展览馆的建筑剖面模型

在地下室的另一个房间内，有个关于这栋建筑的展览，不仅陈列有照片、说明和图纸，还摆放着一个巨大的建筑剖面模型，让你可以清晰地观察到其内部构造的细节。此外，一段窄小的木质楼梯会把你引上顶部的阁楼，那里是个播放艺术短片的多媒体空间，地毯上随机摆放着可任意塑形的懒人沙发，参观者们可以或坐或躺、在此处舒服地小憩片刻。

通往阁楼的木质楼梯

如果你围绕这栋建筑走上一圈儿，你会发现它简单的白色外墙上还暗藏有不少装饰，例如猫头鹰的浮雕和绿色线描的月

1. 理查德·瓦格纳（Richard Wagner，1813—1883），浪漫主义时期的德国作曲家、指挥家，同时还是剧作家、哲学家、评论家和社会活动家。

外墙上的装饰

《手持花冠的少女之舞》

勒脚处的纪念牌

桂树，勒脚上凹陷的月桂树叶图案以及刻有建筑师名字的纪念牌。其中最精彩的是装饰在建筑背后的一幅彩绘，那就是分离派重要成员、画家科罗曼·莫塞（Koloman Moser，1868—1918）的名作《手持花冠的少女之舞》——金色头发、手持金色花冠的少女们翩翩起舞，单线勾勒的整齐画面极具装饰图案效果。

在过去的一个世纪中，该建筑曾经经历了多次翻修。特别是在1982年至1986年，由建筑师阿道夫·克里施尼茨（Adolf Krischanitz，1946—1998）负责，对它进行了全面修整，使之从内到外都焕然一新。

不过，当年在这栋现代风格的建筑刚刚落成之时，它可是遭受了不少批评和抨击，直到后来人们才逐渐接受了它（其实历史上很多伟大的艺术作品都有经历了类似的命运，例如前面“音乐之旅”中的维也纳国家歌剧院）。而今，它不仅是维也纳分离派的代表作、新艺术运动的报春花，而且在现代艺术史上也占据着重要的一席之地，是一座象征着分离派创新与乐观精神的经典建筑。

3. 卡尔广场轻轨站亭（Karlsplatz Stadtbahn Station）
——死而复生的城市历史记忆

建 筑 师：奥托 · 瓦格纳（Otto Wagner）

建造年代：1896—1899

地　　址：Karlsplatz，1040 Wien

电　　话：+43 1 505 87 47 85177

温馨提示：开放时间四月至十月的周六、日10:00—13:00，14:00—18:00，五月一日及所有逢周一的公共节假日关闭

卡尔广场位于维也纳老城中心区，是一个非常重要的交通枢纽。这里不仅有一片草木青翠的雷塞尔公园、地标式的巴洛克建筑卡尔教堂，而且周边还环绕着金色大厅、维也纳博物馆和维也纳工业大学。不过，在卡尔广场上，还有一对体量不大、备受瞩目的建筑物——平顶与拱顶的完美嫁接，淡绿色勾勒的优雅轮廓，白色的主体以及金色的装饰点缀……它们就是建筑大师瓦格纳在一百多年前设计的地铁站亭！

1863年，世界上第一条地铁诞生于英国伦敦；其他城市不久也纷纷仿效，至十九世纪末，芝加哥、布达佩斯、格拉斯哥、维也纳和巴黎等五座城市都相继修建了地铁，地铁已经成为当时现代化城市的一个重要标志。瓦格纳从 1894 年起参与了市政建设，他受聘为维也纳城市轨道交通工程（轻轨城市铁路）的艺术顾问，负责主持地上建筑的设计和建造。无论从建筑设计还是城市规划来看，这个项目都是一项极为复杂而艰巨的工程。总计45公里长的铁路、近30个站台，全部都由瓦格纳亲自设计，为此他废寝忘食地画了上千张草图。这些车站亭是他在维也纳现代化城市建设道路上留

卡尔广场上的孪生兄弟（背景中的红色建筑为金色大厅）

下的纪念碑，直到今天，它们之中仍有不少在继续发挥着作用，成为维也纳城市发展历史中的“活化石”，卡尔广场轻轨站亭就是其中一个精美讲究的代表作。

瓦格纳的设计具有革命性的突破和创新。这个车站亭的结构形式采用了当时的新技术——钢结构，表皮使用的是白色的大理石板贴面，而绿色的金属线条和金色的植物藤蔓装饰图案则带有明显的新艺术风格，大面积的白色与少量绿色、金色的搭配营造出一股优雅华丽、庄重大气的气氛。将简洁的几何形体与局部采用的装饰相结合，是瓦格纳探索现代主义之路过程中的一种新尝试。虽然尚含有古典装饰主义的余韵，但其大胆采取的现代建筑技术和处理手法已经对当时的建筑思潮起到了激励作用，并为后来的现代建筑发展奠定了基石。

二十世纪六十年代末，对城铁线路的改造需求使这个站亭受到了严重威胁。但是公共舆论都强烈要求保留这两座经典建筑，因为它们是这座城市的历史记忆。于是在地铁改造完成之后又在原处将其复建，为了与新建的地铁共存，地基比原来提高了1.5米。现在东侧的一座站亭被改造成了咖啡厅，而西侧的一座仍被用作地铁站出入口，同时辟出一部分空间作为维也纳博物馆的永久展览空间，用以展示建筑大师瓦格纳的建筑成就。可惜的是，展览的开放时间仅限于春夏季节的周末，我两次到访都时不凑巧，因此未能进入参观。

现为咖啡厅的地铁站亭

卡尔广场地铁站出入口

卡尔广场几乎是来维也纳旅行的必经之处，而这对孪生兄弟一般的地铁站亭就好像守卫在卡尔广场上的一对士兵，相信你一定不会错过它们！

4. 席津地铁站的皇家站亭（Hofpavillon Hietzing）——瓦格纳为皇家设计的唯一建筑

建 筑 师：奥托·瓦格纳（Otto Wagner）

建造年代：1899

地　　址：Schönbrunner Schloßstrasse，1130 Wien

电　　话：+43 1 8771571

温馨提示：开放时间四月至十月的周六、日10:00—1:00，2:00—6:00，五月一日关闭

城市铁路的建设是1900年前后维也纳的巨大工程，而那个时代的现代建筑先驱瓦格纳则受托设计了地铁线路和很多车站亭，他成功地将艺术融入其中，以至于直到今日这些建筑仍然是维也纳城市景观的重要组成部分。

在美泉宫附近的席津地区，有一座他专门为弗兰茨·约瑟夫皇帝及其家族设计的私人地铁站亭，这也是瓦格纳一生中唯一一座为皇家设计的建筑物。你只要在U4地铁线的席津（Hietzing）车站下车，便会一眼望见这座白色和绿色相间的单层建筑物。它横跨在一条下沉的铁路之上，带有一个悬空的室外平台。它有着绿色的青铜穹顶、椭圆形的窗户；在沿着道路的入口处，还有一个附着在主体之外的绿色铁艺门廊，上面装饰有金色的皇室标志，透露出一股强盛帝国的辉煌气势。大片的白色墙面上装饰极少，可以看出，这是瓦格纳在向现代主义建筑之路迈进过程中的一次尝试。

虽然建筑面积不大，但皇家站亭精致优雅的入口和巴洛克风格的穹顶却令人印象深刻，该建筑在2014年进行了全面的翻新和修复。瓦格纳的设计融合了地铁车站的标志性色彩和哈布斯堡王朝的威严，从而巧妙地将功能、现代主义和皇权统一在了一起。

皇家站亭有平台的一侧

这个皇家专用的地铁站亭其实只被皇帝使用过两次，不过它已经成为了美泉宫附近的一个地标。如今它已成为维也纳博物馆的一部分，室内有一个关于瓦格纳的小型展览，不过只在春夏温暖季节的周末才对外开放。我到访时正好是未开放的平日，因此很遗憾没能进入。从网站上的照片来看，室内设计得也相当华丽，显示出明显的新艺术风格特征。八角形的售票厅内采用了深色的木质墙面，上面有着细腻精致的金色植物纹样装饰，天花板上的一盏吊灯则璀璨生辉。旁边有一个白色的房间内布置了展览，展示了瓦格纳设计这座建筑时的图纸。这个房间外面就是那个架

室内展览的售票厅

空在铁路上的平台，我站在那里凭栏远眺之时，正好有一长串地铁列车从远处飞驰而来——轰隆隆的列车从我脚下一阵风般呼啸而过，同时，我感到自己站立的平台也发出微微的震颤，于是内心不禁激动得怦怦直跳，颇有一种爽快过瘾的兴奋之感。

这座建筑很小，展览也较简单，可以很快参观完毕，因此非常建议来美泉宫游览时顺便来此处短暂停留片刻。

在平台上眺望列车飞驰而来

凌驾于地铁轨道之上的皇家站亭

5. 奥托 · 瓦格纳设计的几栋住宅楼——从古典主义向现代主义的转变

在维也纳这座城市中，至今依然保存着不少奥托·瓦格纳设计的作品，其中包括公建、地铁站、桥梁、教堂以及住宅。下面罗列的几栋瓦格纳的住宅是他在不同时期的代表作，从创作时间和建筑特点可以清晰地看出大师创作风格的逐步转变——从古典主义渐渐过渡到新艺术风格，然后最终，毅然决然地走向现代主义。

① 奥托 · 瓦格纳住宅（Otto-Wagner-Haus）

地　　址：Schottenring 23，1010 Wien

建造年代：1877

温馨提示：私人住宅，内部无法参观

这栋瓦格纳早期设计的住宅迄今已有140多年历史，它的位置相当醒目，就坐落在环城大道边上，其对面就是著名的凯宾斯基饭店。

这是一栋带有半地下室的五层住宅，下部两层和上部三层被从立面上明显划分开来，采用了不同的色彩和形式。下部呈米黄色，矩形窗口四周没有装饰；上部则墙面采用了黑白几何图案，窗口周边有着繁复的橘色雕花装饰，而且每层的设计还都做了变化。从1878年至1882年，瓦格纳本人就居住在这栋住宅楼的首层。

可以看出，彼时的瓦格纳还在大量地使用装饰，尚未脱离古典主义风格的束缚。这栋房子外观看上去比较奢华，色彩丰富的立面使它在环城大道上成为一座抢眼的建筑。

奥托·瓦格纳住宅

② 大学大街 12 号公寓住宅（Universitätsstrasse Apartment Building）

地　　址：Universitätsstrasse 12, 1090 Wien

建造年代：1887

温馨提示：私人住宅，内部无法参观

这栋公寓楼坐落在市政厅北侧，国家法院大街（Landesgerichtsstrasse）与大学街（Universitätsstrasse）交汇的十字路口一角，它是瓦格纳设计的最宏伟庄严的公寓楼之一。

这栋六层建筑体量敦实庞大，它的平面呈矩形，朝向大学街的一面是它的短边，也是它的主立面。建筑通体为纯净的白色，上面有个蓝色的坡屋顶；底层为零售商业，上层为公寓。可想而知，站在顶层的房间内一定能够欣赏到大学街的壮观全景。

主立面上的设计十分精彩，每列窗户之间的墙面上都有着图案精美、深浅渐变的浮雕装饰，顶部的檐口下和墙面的转角处也有着精巧复杂的装饰，三层还有一处出挑的铁艺阳台，打破了规律的立面，带来生动的变化。整个建筑给人的感觉是古典优雅、庄重大气，是大学街尽头的一处亮点。

大学大街 12号公寓住宅

③ 奥托·瓦格纳的缪斯楼（Musenhaus von Otto Wagner）与马略尔卡楼（Majolikahaus of Otto Wagner）

地 址：Linke Wienzeile 38&40, 1060 Wien, Austria

建造年代：1898

温馨提示：私人住宅，内部无法参观

沿着分离派展览馆前面宽阔的河畔大道（Linke Wienzeile）向西南方向走，就是人气兴旺的纳什市场（Naschmarkt）了。这个市场在两条平行的宽阔街道中向前延绵有1.5公里之长，一家挨一家地排列着售卖水果、肉类和面包等新鲜食品的摊位，还有很多异国情调的风味餐厅穿插其中。因此这条街也被称为“食乐街”，总是熙熙攘攘，可见非常受游客欢迎（我第一次去维也纳就住在这个市场边上，出门就是超市、餐厅和地铁站，位置极为便利）。

如果你沿着这条大街漫步，那么没走多远，目光就会被路边两栋紧密相邻的漂亮房子所吸引——这两栋住宅楼和旁边那些巴洛克风格的建筑不大一样，立面的装饰华丽而别致，它们就是大师瓦格纳设计的缪斯楼和马略尔卡楼，是体现新艺术风格的杰作。

首先映入眼帘的是六层高度的缪斯楼，它位于河畔大道和另一条小街克斯特勒巷（Kstlergasse）的交汇处，因此在街角处采用了优雅的圆弧形转角。颜色雪白的涂料墙面上，点缀着辉煌夺目的金色装饰——那是分离派著名画家科罗曼·莫塞（前面介绍的分离派展览馆外墙上也装饰有他的绘画）设计的花卉图案和女性头像，弥漫着明显的新艺术风格气息。建筑顶部的半身雕像是一位振臂呐喊的女性形象，这些雕塑是由艺术家奥斯玛·席姆科韦兹（Othmar Schimkowitz，1864—1947）创作的，他的作品在分离派展览馆、邮政储蓄银行等建筑中都能找到。建筑物的名字“缪斯楼”可能和它顶部的女性雕塑有关。建筑的底层是商铺，二层和三层都有阳台出挑，黄绿色的铁艺栏杆上缠绕着精美的植物装饰。

再向前走，紧挨着缪斯楼的就是令人惊艳的马略尔卡楼。这栋建筑通体被底色为浅褐色的彩绘瓷砖所覆盖，那红红绿绿、色彩艳丽的植物图案宛如花朵盛开的藤蔓，妩媚婀娜地爬满了建筑的整个立面，给人以强烈的视觉冲击。这美丽的花卉图案是瓦格纳的学生阿洛伊斯·路德维希（Alois Ludwig，1872—1969）设计的，而这栋楼的名字正是源于装饰其立面的彩色釉面瓷砖。马略尔卡（Majolika）指的是十五至十六世纪意大利文艺复兴时期那色彩斑斓的锡釉陶瓷，不过随着时间的推移，它也泛指各种彩色陶瓷。瓦格纳当时大力提倡住宅要采用彩色立面，不过这栋楼是唯一被实施的案例。这些瓷砖不仅色泽鲜艳，而且非常实用，功能也符合瓦格纳的建筑哲学和关于现代性的想法——它们耐风雨、易清洁，即使在一百多年后的今天也依旧亮丽如新！

这两栋建筑的平面是紧密联系、相互呼应的，并且在同一年一起施工落成。它们共同形成了街道转角处的一个整体建筑，恰到好处地嵌入了城市肌理。这组住宅楼中都采用了电梯，这使得它们自落成之日起就成为了大都市中现代住宅的典范。它们共同的特征是摒弃了繁复的古典主义窗框，重点在立面上采用植物图案进行装饰和美化，这样的设计手法证明了瓦格纳在从古典主义向新艺术风格转变。

转角处的缪斯楼

马略尔卡楼

两栋楼的立面细部

缪斯楼顶的雕塑

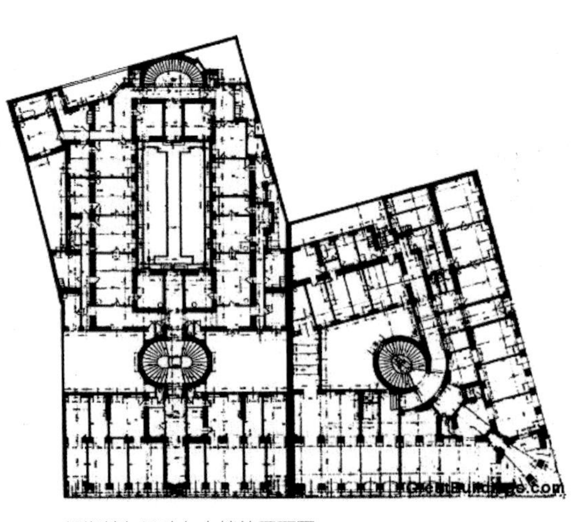

缪斯楼与马略尔卡楼的平面图

④ 德布勒—纽斯蒂夫特大街公寓住宅楼（Döblergasse-Neustiftgasse Apartment Buildings）

地　　址：Neustiftgasse 40, 1070 Wien

建造年代：1909—1911

温馨提示：私人住宅，内部无法参观

这座大楼位于德布勒大街（Döblergasse）和纽斯蒂夫特大街（Neustiftgasse）的交汇点，距离MQ博物馆区不远，是1909—1911年间由瓦格纳自筹资金建造的住宅楼。这里也是瓦格纳的最后一处住所，从1911年大厦落成到1918年瓦格纳去世，他一直都居住在这里，当时他的事务所也位于这座大楼内部。

德布勒—纽斯蒂夫特大街公寓住宅楼

对比前面瓦格纳设计的几栋住宅，可以看出，这栋大师的晚期作品已经与之前的建筑风格大相径庭了。窗口简单利落，墙面干净平整，已经完全看不到那些石膏线脚或者花卉图案的装饰了，唯一的点缀就是墙面上的少量黑白几何纹样，它们和邮政储蓄银行的室内有异曲同工之妙，说明瓦格纳是在用简明的几何图案来代替以往繁复的线脚装饰。这栋外表朴素简洁的建筑几乎舍弃了所有不必要的装饰，已经完全趋向于现代主义。

在二十世纪初，这栋另类住宅楼的出现一定是惊世骇俗的，它可以被算作维也纳第一栋真正意义上的现代主义建筑。

6. 安克尔大楼（Ankerhaus）——带底商的公寓办公楼

建 筑 师：奥托 · 瓦格纳（Otto Wagner）

建造年代：1894—1895

地　　址：Graben 10，1010 Wien

温馨提示：上部私人公寓无法参观

这栋瓦格纳设计的安克尔大楼就坐落在热闹非凡的格拉本（Graben）大街上，汉斯 · 霍莱茵设计的哈斯商厦则位于它的斜对面。维也纳这座城市之所以令人感到兴奋，其中一个原因就是很多地点和人物都有着奇妙的历史关联，常常会带给你出乎意料的惊喜。

这是一栋平面狭长、高度六层的建筑物，下部两层为商业，采用了通透的落地玻璃通透和少量的黑色装饰，现在这里是一家售卖雀巢公司胶囊式咖啡机（NESPRESSO）的店铺。上面四层则是黄色涂料的住宅和办公，窗口上下有着少量石膏线脚装饰，其中最下面的一层有一圈出挑的阳台，黑色的铁艺栏杆与下面两层底商连为一体。建筑的顶部拥有一个视野开阔、景观极好的玻璃阁楼，装饰有少量的绿色金属铁艺和雕塑。

据说当年安克尔保险公司委托瓦格纳设计一栋大楼，瓦格纳则开创性地设计出了这座拥有多项功能的综合楼——其中上部四层为办公和公寓，下部两层为沿街商业，屋顶还有一个工作室。此外，瓦格纳还采用了钢筋混凝土、大块玻璃等当时十分先进的技术。其实这不就是我们今天司空见惯的底商住宅楼吗？原来早在一百多年前的维也纳，它的原型就已经出现了！从与历史照片的

现在的安克尔大楼

1897年的安克尔大楼

对比中可以看出，今天的安克尔大楼几乎完美地维持着建造之初的模样。

非常有趣的是，楼顶的工作室后来吸引了那位著名艺术家百水先生（Friedensreich Hundertwasser，1928—2000，后面会讲到他设计的百水公寓和施比特劳垃圾焚烧发电厂）；1971年起，他成为了这栋大厦屋顶工作室的主人。你能想象他那些充满童趣的奇思妙想就诞生在这屋顶的阁楼之中吗？也许当他眺望着周边古老建筑的海洋时，灵感的火花就在他的脑海中迸发了。

不过，历史的联系还不止于此。由于地处历史中心区，安克尔大楼这一场地的历史可以追溯到几个世纪前。1683年，当奥斯曼帝国围攻维也纳时，第一枪就落在了现在安克尔大楼的位置；1783年，维也纳最早的咖啡馆之一杜卡迪咖啡屋（Café

Ducati）就曾开设在这里……由此看来，现在的底商成为雀巢咖啡的店铺，也许就是冥冥之中的命运轮回吧。

维也纳就是这样一个神奇的地方，历史与现实影影绰绰的交叠总是让人有种恍如隔世的梦幻感觉！

顶层的阁楼

7. 男装裁缝店（KNIZE）、蜡烛店（Retti）、珠宝店（Schullin）——中心区名品街上的精致店铺[1]

喜爱艺术的朋友大概对这一节中出现的照片都不会感到陌生，因为很多年前它们就频繁出现在一些艺术类杂志上面，在我的记忆中，我是高中时代就在书上见到过它们的倩影，心中被播撒下艺术的火种。这些店铺设计都出自名家之手，并且都聚集于圣斯蒂芬大教堂附近最繁华的步行商业街，它们好似一颗颗闪耀的明星，照亮了维也纳历史中心区的夜空。

中心区的商业街游人如织，全部都是六层左右高度的历史建筑，上部是办公或者公寓，底层则为拥有落地橱窗的精品店铺。这里云集了众多国际顶级奢侈品牌，既弥漫着古老的氛围，又散发着现代的气息，是个格外迷人的地方。街上撑着阳伞的露天咖啡座更是比比皆是，游客们可以随时坐下来，悠闲享受一杯香浓美味的同时，环顾欣赏维也纳浪漫的城市魅力。

其中最宽敞、最热闹的要属格拉本（Graben）大街，作为维也纳最著名的商业街，它的历史可以追溯到古罗马时代，“Graben”（中文直译为“壕沟”）的名字记录了它曾为护城河的那段前世。这条大街最显著的标志是街道中央伫立着一个雕刻精美、栩栩如生、顶部金光灿灿的黑死病纪念柱。1679年，黑死病（即鼠疫）肆虐维也纳，神圣罗马帝国皇帝利奥波德一世为了纪念死于

1. 其实后面几个汉斯 · 霍莱茵的作品按时间线应该被归于“当代建筑”，不过因为都位于中心区名品街，因此也就一并列于此节了。

鼠疫的大批遇难者而建造了这个大理石雕刻的纪念柱。它是全欧洲最美的巴洛克式黑死病纪念柱，也是维也纳最著名的地标之一。

格拉本大街

黑死病纪念柱

① 克奈兹男装裁缝店（Mode-Atelier KNIZE）

建 筑 师：阿道夫·路斯（Adolf Loos）

建造年代：1910—1913

地　　址：Graben 13，1010 Wien

电　　话：+43 1 5122119

温馨提示：营业时间周一至周五9:30—18:00，周六10:00—17:00，周日休息；二层室内禁止拍照

克奈兹（KNIZE）男装裁缝店铺于1858年创立于维也纳，曾被哈布斯堡王室成员所光顾。它位于维也纳市中心最著名的格拉本大街，其店面及内部由阿道夫·路斯设计，其设计宗旨是为了迎合店铺国际化的客户，创造出为绅士服务的高雅气氛。

这家店铺的沿街店面非常狭窄，材质采用黑色的花岗岩与细木框的玻璃橱窗相结合，入口处的门大概只有不足0.7米宽。首层是窄而深的销售空间，嵌入式的深色木制橱柜中摆满了衬衫和领带等服饰。行至此处，你一点儿都猜不出它内部隐藏的空间有多宽敞。

店员非常友好，当我告诉他我是建筑师，特意来参观这个著名作品时，他示意我可以去二层看看。于是，经过狭窄的底层柜台、踏上一段弯曲的樱桃木楼梯，我步入了男装店的二层——眼前的空间一下子变得高大开阔，想不到这里竟然是一个两层通高、面宽有好几个柱跨的大厅！原来二层才是这家店铺的主要空间，包括销售、咨询和订货处。所有的木制家具全部都是路斯专门设计后定制的，非常精美且保护完好，整个室内陈设风格简洁大方、协调统一，营造出一种英国绅士俱乐部的氛围。后

男装裁缝店沿街立面

来在参观维也纳的MAK博物馆（应用艺术博物馆）时，我才惊讶地发现，原来路斯也设计了不少家具！那个时候的建筑师都是多面手，通常也会设计家具，包括大师瓦格纳。可惜的是二层大厅不允许拍照，因此没能留下照片。

从男装裁缝店的设计中可以看出，一向反对装饰的路斯在设计中通过材料、形式和细节表达出绅士的优雅和富裕，而不是借助于古典装饰。这家拥有百年历史的裁缝店是他的代表作之一，而且至今维护的状态都非常棒，绝对是个不可错过的经典建筑。

紧挨它的旁边还有一个白色的“KNIZE”店铺门脸，那是1993年由意大利建筑师保罗·皮瓦（Paolo Piva，1950—2017）设计的，它采用的是白色的天然石材，从色彩上与路斯设计的黑色店铺立面形成鲜明对比；从形式上则采取相似的立面划分，与大师的经典之作相呼应，也算是对路斯的致敬。

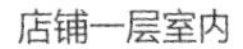
店铺一层室内

入口细部

② 加德纳珠宝店（原拉蒂蜡烛店）

建 筑 师：汉斯·霍莱茵（Hans Hollein）

建造年代：1965

地　　址：Kohlmarkt 10，1010 Wien

温馨提示：营业时间周一至周五10:00—13:00，14:00—18:00，周六10:00—13:00，14:00—17:00，周日休息；室内禁止拍照

即使在经历了半个多世纪岁月洗礼的今日，这个银白色的金属店面在名店聚集、大牌荟萃的煤市大街（Kohlmarkt）上依然是分外耀眼；在街头漫步经过时，你的目光会一下子被它的新颖别致所吸引。这个著名的店面就是汉斯·霍莱茵的成名之作——拉蒂（Retti）蜡烛店。这是他1965年从美国返回故乡维也纳后接受委托完成的第一个项目，也是一部反传统的建筑宣言。他成功了，年仅30岁的建筑师从此一炮而红。

该项目位于维也纳市中心寸土寸金的繁华商业街，因此在设计中必然要综合考虑其独特的位置、有限的规模以及场所的用途。

在立面材料上，他摒弃了传统的砖块和石材，标新立异地采用了金属材料——银色的铝板！当时将金属材料用于建筑立面还是极为罕见的，这也是此项目取得成功的重要因素。店铺入口是在铝板上剪切出的T字型深凹洞口，两侧有两个切入45度角的小型展示橱窗，温暖的灯光从内部透出，映照在银色的铝板上，形成奇妙的光晕渐变效果。在仅有3.6米宽的狭窄立面上，建筑师以独特创意设计而成的现代艺术精巧细腻而富有装饰性，它好像维也纳分离派和美国西海岸现代主义的完美嫁接，令人不禁眼前一亮、为之倾倒。

令人称奇的还有它充满凝聚力的室内设计。这个店铺只有14平方米，然而建筑师却在这狭小有限的空间内设计出了复杂紧凑、生动有趣的空间秩序——他采用了八角形的室内造型，并充分利用“建筑的虚幻面也是真实的构成元素”这一特点，通过镜面反射创造出了虚幻和无限延伸的空间效果，给人一种超现实的奇幻感受。

原蜡烛店沿街立面

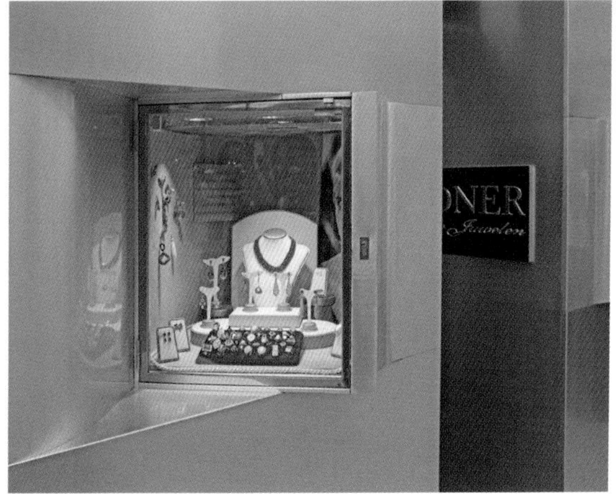

精美的橱窗

铝以结构型材和装饰板材的形式被大量应用于室内和室外，从而也使流动的空间从室外自然过渡到了室内。铝板的表面都经过了抛光和阳极氧化处理，因此金属材料的自然色泽得以历久弥新，始终流露出高贵优雅、轻盈光鲜的性格特征。

在二十世纪六十年代中期，这个设计可谓理念超前、新意十足，在维也纳街头成为一道时髦亮丽的风景线，同时也吸引了全世界的目光。在1966年的美国雷诺兹奖（Reynolds Award）评选中，它是67个参评项目中规模最小的一个，但是却以其别具一格的精妙设计赢得了评委们的青睐，并最终夺得了大奖。

这个昔日的蜡烛店如今已经变身为一个以售卖钻石和宝石为主的品牌珠宝店（GADNER），橱窗里如今展示的都是光彩夺目的昂贵首饰了，不过这样的珠光宝气倒是与建筑本身的气质相得益彰。

这家店铺可以进入参观，但是由于珠宝行业的特殊性，室内禁止拍照。

原蜡烛店室内

③ 舒林珠宝店之一（Schullin Ⅰ）（现已改为鞋店）

建 筑 师：汉斯·霍莱茵（Hans Hollein）

建造年代：1972—1974

地　　址：Graben 26，1010 Wien

舒林（Schullin）是一家1955年在维也纳创立的私人珠宝品牌，专门设计和制作精美独特的首饰。这家原本为舒林珠宝店设计的店面就位于格拉本大街最显要的位置上，距离标志性的黑死病纪念柱仅一步之遥。

我一眼就在街上看到了这个熟悉的立面——早在高中时代，我就在《艺术世界》杂志上见识过它，独特的形象令我过目难忘，那是属于我青春的记忆。而今，当我亲眼见识到它的庐山真面目时，心里不禁生出一股与老朋友久别重逢一般的惊喜和亲切感。它那别出心裁的立面设计即使在今天看来也极具设计感——沉稳大气的咖啡色花岗岩石材墙面上，门洞上方戏剧性地出现了一条曲折蜿蜒、沟壑重重的深邃裂痕，一束大大小小的圆形金属管在缝隙中散发着耀眼的光芒，仿佛是熠熠生辉的贵重金属和宝石从石头缝隙里冒了出来，给人一种奢华贵气的惊异之感。

只可惜这么流光溢彩的一家高档精品店如今竟然沦落为一家鞋店，当我看到橱窗内外摆放的花花绿绿、档次不高的鞋子时，我心里真为这个建筑叫苦不迭。鞋店的气氛明显配不上这个为珠宝首饰而设计的精品建筑啊！不过鞋店的主人倒是十分友好，非常欢迎我进入参观，并且也不介意我拍照。

只见室内设计也非常华丽——部分墙面依然沿用了外立面的豪华石材，金属线条的纤细装饰则在灯光的映射下闪烁着奢侈华美的金色光芒；吊顶层层跌退，模拟的正是珠宝盒的形态。无论是室外还是室内，设计师都同时采用了规整有序的方格网与曲线流动的自然形，二者形成强烈而有趣的对比，体现了完美与残缺是矛盾的统一。

这个清新脱俗的店铺设计中存在着很多符号学的象征和隐喻，可以令人产生丰富的联想和不同的解读，各位可以自己慢慢去品味。

原珠宝店沿街立面

店铺室内

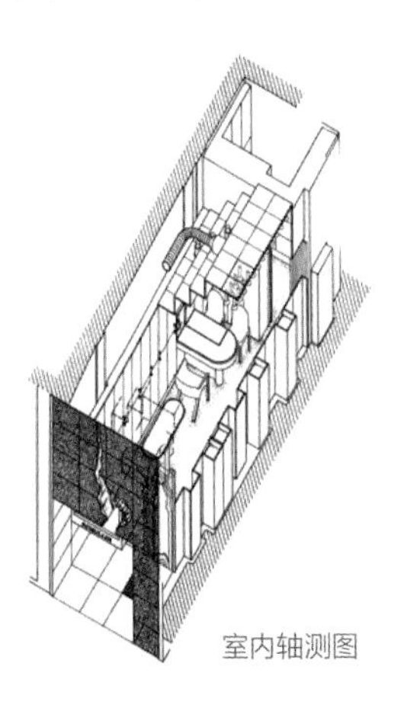

室内轴测图

立面细部

④ 舒林珠宝店之二（Schullin Ⅱ）

建 筑 师：汉斯·霍莱茵（Hans Hollein）

建造年代：1981

地　　址：Kohlmarkt 7，1010 Wien

电　　话：+43 1 53390070

温馨提示：营业时间周一至周六10:00—18:00，周日休息；室内禁止拍照

时隔近十年，汉斯·霍莱茵又在旁边不远处的煤市街上设计了第二家更大的舒林（Schullin）珠宝店。和第一家店铺的金色纹理主题不同，这个设计强调的是珠宝的神圣与神秘——以白色涂料为主的立面上采用了大理石、木头和金属材料，入口上方的拱形装饰符号可以令人联想到刀片、武器和其他装饰物，两根纤细的柱子以及两侧的矩形和圆形橱窗，所有这些元素都带有十分明显的后现代符号特征。

珠宝店沿街立面

珠宝店室内

这家店铺门口始终站有一位保镖，因此并不是任何人都可以随便进入。当我说明了来意之后，他进去请示了一下，才带我进去参观，但是绝对不可以拍照。只见室内空间进深较大，分为前后两间，顶部略带弧度。内部墙面依然沿用了以白色为主的色调，也是运用了天然石材、木材和金属这几种材料，几根白色的装饰柱子和拱形的洞口流露出一股浓郁的后现代气息，而金属的装饰和曲线型的家具设计则体现了精心的设计与完美的工艺。里面还有个旋转楼梯通往二层，但遗憾的是二层就谢绝参观了。

大师汉斯·霍莱茵被称为后现代主义的旗手，而后现代主义最盛行的年代就是二十世纪八十年代，这个店铺具有非常典型的后现代风格，充分体现了时代特征。

珠宝店的橱窗

8. 路斯楼（Looshaus）——传统建筑语境中对现代主义的大胆探索

建 筑 师：阿道夫 · 路斯

建造年代：1909—1911

地　　址：Michaelerplatz 3，1010 Wien

电　　话：+43 517 0067000

温馨提示：营业时间周一至周六9:00—15:00，周四9:00—17:30，周末休息；仅首层可以参观，室内禁止拍照

这是建筑师路斯一生中最重要的作品，也是二十世纪初维也纳现代主义的名作；它标志着路斯与历史主义的彻底决裂，也体现了他与分离派（善用花卉装饰）主张的截然不同。路斯楼坐落在圆形的圣米歇尔广场北侧，对面就是巴洛克式的霍夫堡皇宫，旁边还有始建于十三世纪的圣米歇尔教堂。在古典主义风格建筑云集的市中心，这栋简洁朴素的大楼显得有些“格格不入”。不难想象在一百多年前，当这栋大楼矗立起来时所引起的轰动——那简直就是石破天惊啊！

这栋建筑最初是为制衣公司戈德曼与萨拉斯（Goldman & Salatsch）设计的商住楼，因此底层为零售商业，中间层为公寓，顶层为服装加工厂。1947年，该建筑被列为古迹保护；1987年，赖夫艾森银行（Raiffeisenbank）收购了整栋大楼并对其进行了翻修。

路斯提倡功能主义，认为“装饰就是罪恶”，他尝试用新的现代主义语言来传承维也纳的建筑风格，拒绝使用传统装饰。但是由于周边都是古典建筑，因此这栋大楼从建造之初就不断遭到各种保守势力的抨击，成为二十世纪初最有争议的建筑之一。当时的市民给它起了很多嘲讽的绰号，例如“没有眉毛的建筑”“下水道大

楼”“一栋房子的噩梦”，等等，他们难以接受毫无装饰的建筑，认为这就像穿着没有蕾丝的裙子出门一样令人难堪。然而路斯面对各种批评却毫不动摇地坚持自己的设计，他解释说新的时代需要新的建筑，那些古典建筑上面过度的装饰都是虚假的谎言。据说大楼落成后，80岁的弗兰茨·约瑟夫一世皇帝十分不满，他尽量避免从霍夫堡皇宫面对圣米歇尔广场的门洞出入，并且远离宫中那些朝向圆形广场的窗户，以免会看到那栋“丑陋”的房子。

该设计最大的难点在于既要体现新的时代精神，又要兼顾圣米歇尔广场周边复杂的历史文脉。路斯非常重视建筑与城市环境的关系，为了让自己设计的新建筑与霍夫堡皇宫等周边建筑及环境相协调，路斯可谓是煞费苦心。为了保持圆形广场的完整性，路斯将建筑面对广场的建筑尖角切成了一个斜边；为了与对面皇宫的弧形平面相呼应，他又把首层柱廊内后退的入口墙面也设计为弧形。同时，建筑采用与周边建筑相近的体量和立面比例——屋顶以及主体、基座的分割位置都和周边建筑保持一致，也呈现出同样的古典三段式。建筑的腰线不仅和圣米歇尔教堂、霍夫堡皇宫位于同样高度，就连底层商业窗户的尺度和节奏也与它们保持了一致。正对广场的主立面上采用了四个外形简洁但材质华丽的塔司干柱式，两侧的立面上则采用了小尺度的塔司干柱式和金属装饰，与四周的环境形成对话。建筑主立面具有严谨的对称特征，呈现出

从圣米歇尔广场看路斯楼

柱廊内的弧线形入口

庄严的纪念性，与圣米歇尔广场的场所精神相一致。这些细微的处理使得路斯楼虽然表面看上去与周边建筑完全不同，但却与其有着深刻的内在关联，体现了路斯对于建筑所在场所环境的缜密思考。

建筑上部的公寓外墙为光滑的白色抹灰，窗户也是简单的矩形，没有任何线脚的装饰，不过路斯在方案修改过程中给部分窗户下面增设了黄铜花盆，鲜花的点缀给立面增添了不少生机；下部的商业外墙则采用了来自希腊的暗绿色花纹大理石，路斯用材料自身天然纹理的装饰性取代了人工附加的表面装饰，不仅避免了立面的枯燥乏味，而且增强了建筑的表现力。此外，商业底层采用的铜制窗框将窗户划分成整齐的小方格，精细的做工使得简单的形式也具备了装饰性。建筑上部公寓与底部商业形成了鲜明的对比，也暗示着私人领域与公共领域的属性差异。

这栋目前被用作银行的大楼只有首层大厅可以进入参观，其他部分则是闲人免入，且室内禁止拍照。从主入口进入后，呈现于眼前的是一个4米高的大厅，厅内陈列着有关路斯楼设计过程的图片展览；正对着入口处则设有一个做工精美、气派十足的大楼梯，左右对称、通往二层。由于路斯采用的是钢筋混凝土框架结构，因此他可以用非承重墙来自由划分空间，从而打造出复杂而灵活的内部空间。暴露在外的梁柱框架结构以及楼梯栏板都被包裹了一层华贵的深色红木，不仅体现了结构在空间划分中的限定作用，同时也给人一种亲切温暖、沉稳安宁的心理感受。从网上的照片来看，路斯楼的室内也相当精彩，红木、金属、镜面、玻璃等材料的综合运用使建筑室内空间充满了戏剧性，特别是玻璃采光顶和墙面镜子的交相辉映，不仅扩大了进深感、增加了上下分离空间的相互渗透，还给人一种如入奇幻之境的新鲜感受，激起人们的好奇心，想去进一步探索空间的奥秘。不能进入参观实属太大的遗憾！

总之，这栋建筑充分展示了路斯基于体量和空间的创意，体现了完全不同于过去的创新设计手法，彰显了他反对装饰、追求实用与舒适的建筑追求，是一栋具有划时代意义的现代主义作品。正如奥地利作家卡尔·克劳斯（Karl Kraus，1874—1936）对这栋建筑的评价所言："阿道夫·路斯在米歇尔广场上树立起来的不是建筑，而是哲学。"

立面细部

首层门厅中的大楼梯

虚幻的室内空间

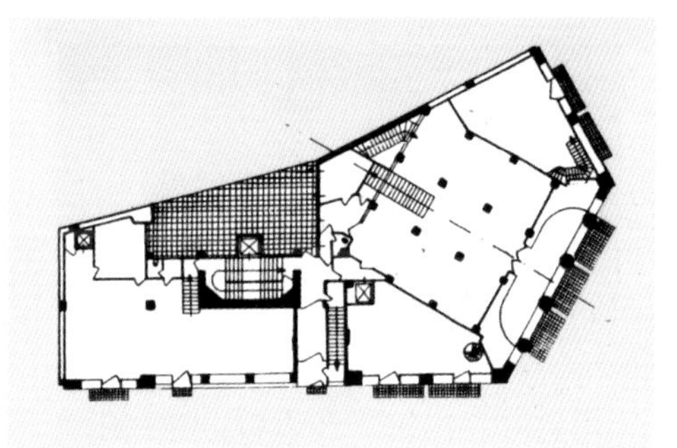

首层平面图

二层公共空间

9. 路斯的美国酒吧（Loos American Bar）——小中见大的方寸斗室

建 筑 师：阿道夫 · 路斯

建造年代：1908

地　　址：Kärntner Durchgang 10，1010 Wien

电　　话：+43 1 5123283

温馨提示：营业时间每日中午12:00至次日凌晨4:00，室内禁止拍照

在美国游历了三年后，增长了见识的阿道夫·路斯回到维也纳并设计了这间酒吧。他的设计灵感来自于纽约，多少蕴含着对美国的怀念与留恋之情。这家迷人的酒吧当年可是把美国酒吧文化引入奥地利的先锋战士，迄今它已有一百多年历史了，不过依然魅力不减，每晚都门庭若市，酒吧内外总是高朋满座。

美国酒吧坐落于老城区著名的卡恩特纳大街（Kärntner Strasse）边上的一条小街上，位于一栋六层老建筑的底层。在周边一众古典风格的浅色建筑中，它那现代感十足的立面瞬间脱颖而出——路斯大胆地将色彩丰富的大理石与美国星条旗图案的彩色玻

黄昏时的酒吧

璃结合在一起，给人以强烈的视觉震撼力。

这座占地仅仅27平方米的酒吧可以算是维也纳最小的酒吧，但是由于室内墙面大量采用了镜子，虚幻的反射使人感觉它的空间无穷无尽，至少感觉上有实际面积的四倍大小，以至于到访过的人都很好奇它到底能够容纳多少顾客。酒吧内的色彩以昏暗的棕黄色为主，给人一种温暖又暧昧的感觉。吧台和顶部矩形图案的镶嵌吊顶是红木制成的，地面采用了绿色和白色相间的大理石铺地，而座椅和桌面则分别选择了与铺地颜色相同的深绿色和白色。

路斯对材料的使用一向十分重视，他认为材料可以唤起建筑的情绪，决定空间的氛围或特征。在酒吧中，他用木材、玻璃、黄铜和玛瑙等多种多样的材料带给到访者视觉的冲击，不同的心理交织在人们头脑中形成复杂的感受，从而加强了空间体验的丰富性；再加上简单朴素的形式与精致考究的细节，整个酒吧给人以一种既摩登时尚又富有内涵的深刻印象。

路斯沉迷于那些自然材料之美，如石材、木材等具有的天然色彩和纹理，他强调材料真实质感的表现，认为装饰会掩盖材料的自然美，这就是他所说的“装饰就是罪恶”。

一个世纪过去了，这里来来往往的宾客形形色色、不计其数，从名人、皇室到蓝领工人，每个人都沉醉于这间酒吧的独特魅力。幸运的是它在二十世纪八十年代经历了两次精心修缮，重新焕发出光彩；对于建筑和文化艺术的爱好者，它绝对是维也纳之行不可错过的一站。

酒吧室内

10. 路斯设计的几个住宅——居住空间的体积游戏

前面讲到了，路斯是建筑史上一位非常重要的建筑师。但是我们对他的普遍了解就是他那句“装饰就是罪恶”的名言，而其实他更大的贡献在于他在住宅设计中提出的“体积规划”理念。“体积规划”是一种内部空间的复杂体系，路斯认为建筑设计是一个三维的建造活动，所有的空间应该按需要被界定、区分并组织到一个单一的几何形体之中。

路斯说：“我既不设计平面也不设计立面或是剖面，我只设计空间。事实上在我的设计中，既没有底层平面也没有二层平面或是地下室平面，有的只是整合在一起的房间、前厅和平台。楼层之间相互混合，空间之间相互融合。每一个房间都需要一个独特的高度，因此不同房间的顶棚必然在不同的高度上。”

路斯设计的住宅由大小不同、功能独立的一系列房间体积构成，房间体积之间以开洞的方式连通，隔而不断，通常采用错层的踏步来形成不同的标高。它们彼此搭接、咬合在一起，好像居住空间的体积游戏。路斯认为，一个舒适的住宅应该是一个公共与私密空间分区明确的房子。通常，他设计的客厅和餐厅处于不同的标高，彼此之间可以相互对望，其关系类似于剧场中的舞台与观众席。

路斯设计的住宅与同时代的其他人很不一样——在外部，你只会看到一个对称、稳定、朴素的建筑形态，不过一旦进入室内，你就会被里面复杂的空间和丰富的细节所吸引。总之，他的住宅特点可以用以下这些关键词来概括：面具立面、旋转路径、室内立面、错层地面、舞台效果、窥看、洞口、壁龛和固定家具。在他晚期

“体积规划”的理论和实践都日趋成熟时，他的独立住宅中体现出了空间的丰富与复杂性，给人以深刻难忘的印象，是一种标新立异的个人创造。

在美泉宫附近的住宅区，就坐落着好几栋路斯设计的作品，都是他在探索“体积规划”过程中的尝试。他最精彩的两个作品是穆勒住宅（Moller House）和缪勒别墅（Villa Müller），都是他晚年理论发展成熟时的作品，其中前者位于维也纳西北的偏远郊外，而后者则位于捷克的布拉格。十分遗憾的是，路斯在维也纳的所有住宅作品都是有人居住、无法参观，只能欣赏其外表，而他的住宅作品精华恰恰都在室内。

去美泉宫游览时，我顺便在附近的住宅区转了转，在路边膜拜了几栋路斯大师设计的私宅。老实讲，从外表看，它们实在是平淡无奇，并不比周边的其他住宅更为出色。可是在看过那些室内空间的图纸和分析之后，我才了解到那些都是风格独特的伟大住宅作品。听说布拉格的缪勒别墅是对外开放的，可以在网上预约参观，所以我决心以后如果去布拉格旅行的话，一定要把路斯的巅峰之作缪勒住宅列入我的参观清单之中，以弥补在维也纳无法“登堂入室”一睹真容的遗憾。

以下几栋具有代表性的路斯住宅中，除穆勒住宅外，其余的建筑都集中在美泉宫附近的住宅区，对路斯作品感兴趣的朋友不妨在游览美泉宫时顺道去朝拜一下。

① 斯坦纳住宅（Steiner House）

建造年代：1910

地　　址：Sankt-Veit-Gasse 10，1130 Wien

温馨提示：私人住宅，内部无法参观

这栋拱形屋顶、毫无装饰的白色住宅非常著名，因为它被弗兰姆普顿[1]写入了建筑史。作者认为它简洁的外表已经形成了高度抽象的语言，对后来柯布西耶的白色方

1. 肯尼斯·弗兰姆普敦（Kenneth Frampton，1930—　），建筑师、美国建筑史家及评论家，著有《现代建筑：一部批判的历史》一书。

住宅的沿街立面（作者手绘）

块别墅有着重要影响——因为柯布的“国际风格”现代主义建筑出现是在其十年之后，即二十世纪二十年代。因此，斯坦纳住宅成为现代建筑发展史中一个极具影响力的例子。研究现代建筑理论史的希腊教授帕纳约蒂斯·图尼基沃蒂斯（Panayotis Tournikiotis，1955— ）曾经这样评论这栋住宅：“这座房子更新了古典传统，但并不是要否定历史。”但实际上，斯坦纳住宅的内部空间并算不上十分精彩，因为这是路斯早期的住宅作品，当时他的“体积规划”思想尚未成型。

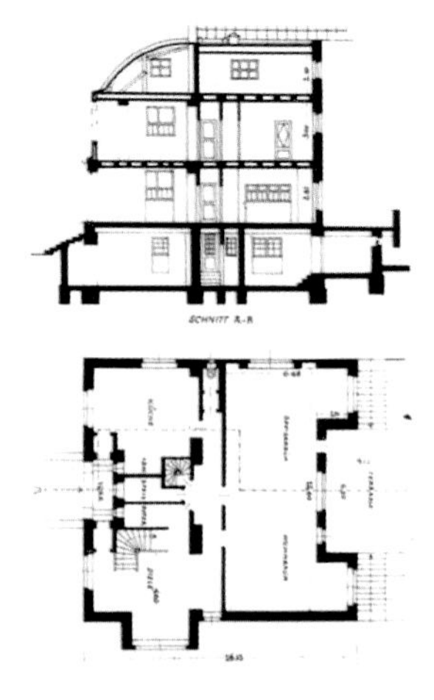

住宅剖面及平面图

这栋住宅是路斯为画家莉莉·斯坦纳（Lilly Steiner）和她的丈夫设计的，它清晰地展示了路斯遵循的原则，即功能决定设计。房屋朝向街道的正立面和朝向花园的背立面都是完全对称的，白色的墙面上没有半点儿多余的装饰；首层的大窗户将光线引入室内，让主人的画室能够得到充足的自然采光。临街的正立面采用了半个拱形的屋顶，将二层和三层的空间都涵盖其中；而朝向花园的立面则是完全垂直的。这种拱顶是路斯早期住宅喜欢采用的处理手法，例如1912年的霍纳住宅（Horner House）、1919年的施特拉塞尔住宅（Strasser House）；而到了晚期，他的住宅外观则完全走向直线型几何体的纯净造型。

② 施特拉塞尔住宅（Strasser House）

建造年代：1919

地　　址：Kupelwiesergasse 28，1130 Wien

温馨提示：私人住宅，内部无法参观

这栋四层住宅由一栋十九世纪的建筑改造而成，路斯巧妙地把它变成了自己的风格。他对室内空间的重新配置使得内部结构做出了很大修改，但是建筑外表的体积形态基本没有太大改变。

外观上最大的变化是用弧形的金属屋顶营造出一个顶层阁楼，这个手法和斯坦纳住宅非常相似。不过这种凸起的拱顶是路斯在“体积规划”早期阶段经常采取的形式，到后来则被方整的体块造型和更系统化的立面设计所取代。住宅内部是典型的路斯风格，每个空间都由富有质感的不同材料连接起来，创造了一个多样而复杂的室内序列。

这栋房子所在的街区植物茂盛，大树遮天蔽日，现在它的外表已经布满了绿色的爬山虎，白色的墙面和绿色的青铜屋顶大半被掩映在浓密的绿叶之中，几乎看不出原本的真面目了。

被绿植掩映的住宅

平、剖面图及室内

③ 鲁弗尔住宅（Rufer House）

建造年代：1922

地　　址：Schließmanngasse 13，1130 Wien

温馨提示：私人住宅，内部无法参观

漫步在住宅区的街巷中，你可能根本不会注意到这栋水泥本色的房子，因为它朴素的外表实在是没有什么惊人之处。然而它却是路斯第一个成熟运用体积规划的作品，其巧妙的内部空间组织体现了路斯独特的设计理念。这座看似简单的房子内部充满了微妙的复杂性，挑战着我们对于空间的理解。在这栋住宅的设计中，路斯关于“体积规划”的理念已经进一步得到了发展。

这栋四层住宅是为鲁弗尔夫妇设计的，它的体型几乎就是一个立方体，平面尺寸为10米×10米见方，高度12米。结构体系由四周的承重外墙和房间中央的一根方柱共同组成。这样处理的好处是将内部隔墙减少到最低限度，并以薄木板或家具取代隔墙，增加房间布局的灵活性。那根方柱内巧妙地隐藏了水暖立管并贯穿四层平面，围绕着它，路斯的空间逻辑得以层层展现。其中二层平面非常具有代表性，路斯在单层的空间营造出了多层次效果。二层共有餐厅、客厅、书房和露台四个部分，其中餐厅和书房比客厅和露台高出几步台阶。餐厅和客厅位置一高一低，体量有所区别；开敞的空间使得它们彼此相互渗透，而位于中央的柱子则架构起一个有趣的对角线视野——高起的餐厅和低处的客厅之间形成对视，就好像舞台和观众席的关系。书房是封闭空间，而露台则是客厅向室外空间的延伸。

住宅外观

剖面模型

建筑的表皮几乎就是裸露的混凝土，连窗户窗框都简单至极；立面的门窗更加自由，位置完全根据内部空间的需求来决定。路斯在顶层的窗口之上采用了一个扁长的“压顶”，并且在立方体上面覆盖了一个檐口轻薄的屋顶。在临街立面的中间位置，有一段取材于帕提农神庙的浮雕装饰带，它不仅使立面获得了平衡，同时将这栋早期现代主义的房子置入了西方建筑史的宏大背景之中。

住宅各层平面图

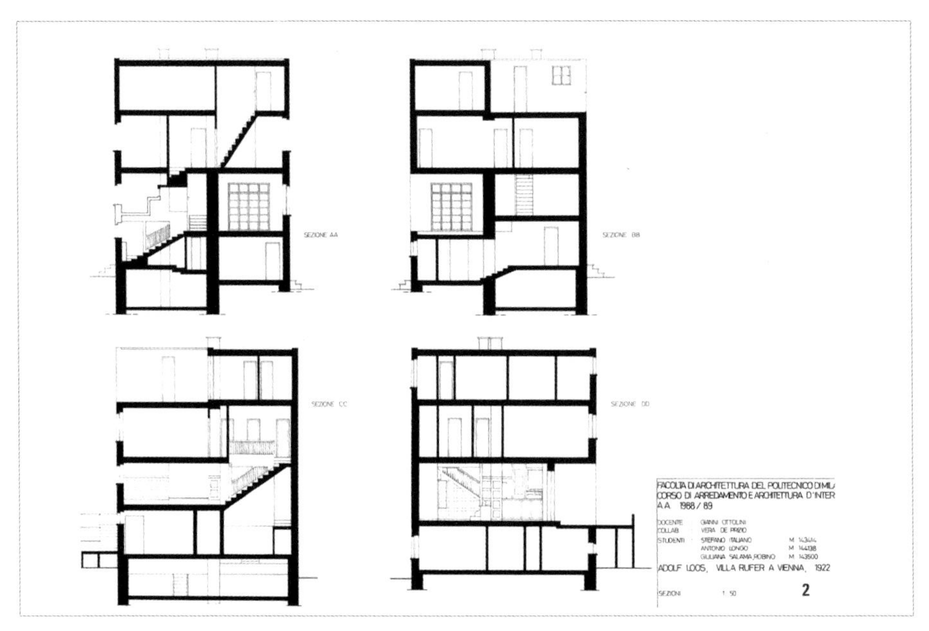

住宅剖面图

④ 穆勒住宅（Moller House）

建造年代：1927

地　　址：Starkfriedgasse 19，1180 Wien

尽管1927年路斯住在巴黎，但他依然在去维也纳的旅途中接受了纺织业大亨穆勒夫妇的委托，为他们在维也纳西北郊外的一块坡地上设计了这栋住宅。此时，路斯的“体积规划”理念已经日趋成熟，这栋三层半的住宅也成为充分体现他设计思想的巅峰之作。目前，这栋住宅被以色列大使馆征用。

首层的功能主要是管家房、储藏室、车库、洗衣房等辅助用房，从入口到通往二层的过程中，要经过五次90度的转折和一连串的楼梯，这样的变化使空间变得饶有趣味。事实上，路斯住宅的空间序列通常是沿着主要楼梯盘旋展开。

二层是最重要的公共活动楼层，也是空间关系最为精彩的部分，主要由过厅、赏乐厅、餐厅、厨房和书房组成。其中，过厅位于中心，过厅与音乐厅相连并处于相同的标高；而去往餐厅、厨房或者书房则都要登上几步台阶，这样轻微的错层处理使得过厅和赏乐厅的空间体积更为高大。赏乐厅和餐厅之间是完全开敞的洞口，双方可以对视，而细微的层高差则创造出一种舞台的感觉，强化了对视的戏剧性效果。和鲁弗

住宅正立面

住宅模型

尔住宅相似，路斯在这层创造了空间层次的错动，不仅使空间产生了流动感，而且使得不同功能的区域有所区别。

随着楼梯上升到三层，空间的性质也由公共、开放转向私密、封闭。三层是个平层，五间各自独立的卧室都位于同样的标高。最上面的阁楼层有两个房间和一个宽敞的露台，阁楼层和三层之间通过一个旋转楼梯来连接。

在设计中，路斯以房间功能为前提来确定各个房间的位置、大小、形状，通过标高的变化，如同拼积木一样将一个个空间单元有机分割并按照功能关系联系起来，统一在一个大立方体中，灵活而紧凑，在提高空间利用效率的同时创造出丰富有趣的空间体验。

从外观上看，穆勒住宅就是一个毫无装饰的白色几何体块。路斯的作品并不过分注重形式，他提倡丰富的内部和收敛的外表。路斯强调建筑物自身体块的形态之美，注重墙面与窗户的比例关系。因此外观虽然简单朴素，却也遵循着基本的几何构成和轴线对称原则，其中除沿街立面为严格的左右对称，其他立面均为非对称，所有立面洞口就是室内空间关系的真实映照。

从这一作品可以看出，路斯的住宅设计是以功能要求为出发点，注重人们的空间感知，是一种由内而外的设计。因此他的住宅是一个以空间本质为核心、逐渐丰富起来的三维体块；他的作品会唤起我们更多对建筑本源的思考，激励我们去探究建筑空间的内涵。

建筑剖面图

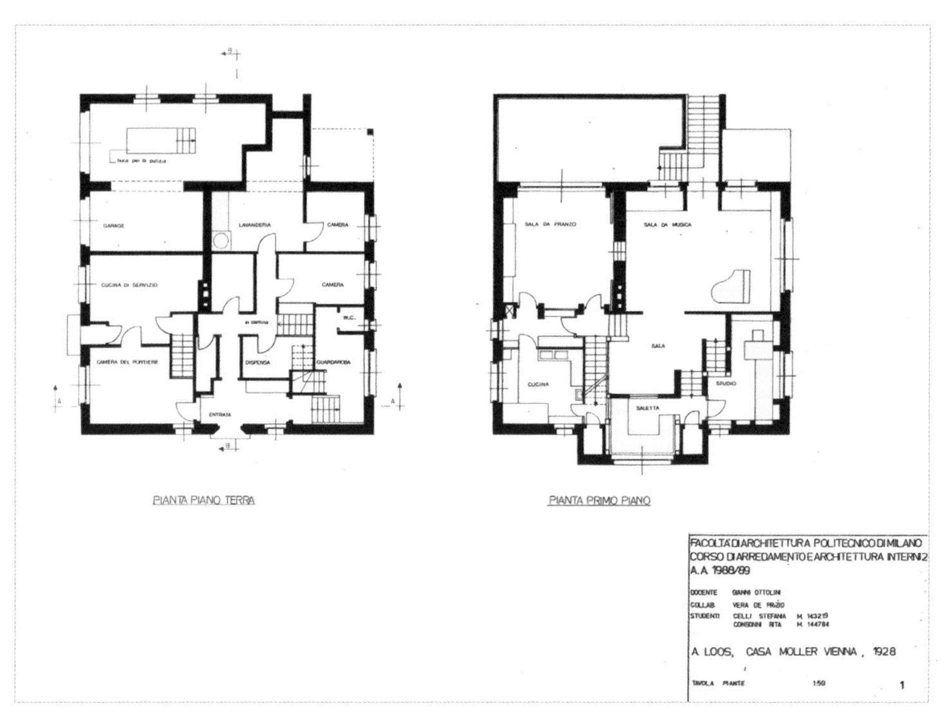
GARAGE
LAVANDERIA
CAMERA
CUCINA DI SERVIZIO
CAMERA
W.C.
CAMERA DEL PORTIERE
DISPENSA
GUARDAROBA
ENTRATA
PIANTA PIANO TERRA
SALA DA PRANZO
SALA DA MUSICA
SALA
CUCINA
STUDIO
SALETTA
PIANTA PRIMO PIANO
FACOLTÀ DI ARCHITETTURA POLITECNICO DI MILANO
CORSO DI ARREDAMENTO E ARCHITETTURA INTERNI 2
A.A. 1988/89
DOCENTE GIANNI OTTOLINI
COLLAB. VERA DE PRIZIO
STUDENTI CELLI STEFANIA M. 143219
CONSONNI RITA M. 144784
A. LOOS, CASA MOLLER VIENNA, 1928
TAVOLA PIANTE 1:50 1

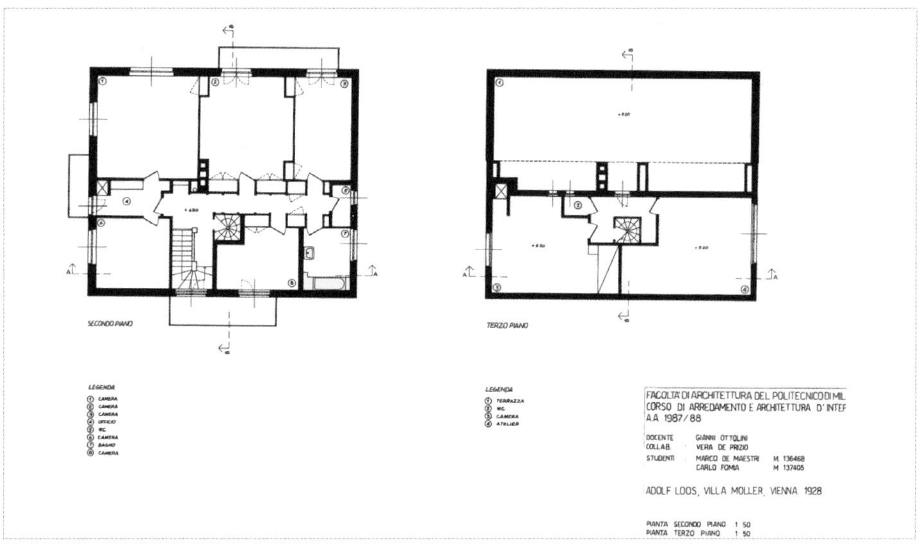
SECONDO PIANO
TERZO PIANO
LEGENDA
① CAMERA
② CAMERA
③ CAMERA
④ UFFICIO
⑤ WC
⑥ CAMERA
⑦ BAGNO
⑧ CAMERA
LEGENDA
① TERRAZZA
② WC
③ CAMERA
④ ATELIER
FACOLTA' DI ARCHITETTURA DEL POLITECNICO DI MIL
CORSO DI ARREDAMENTO E ARCHITETTURA D' INTEF
A.A. 1987/88
DOCENTE GIANNI OTTOLINI
COLLAB. VERA DE PRIZIO
STUDENTI MARCO DE MAESTRI M. 136468
CARLO FOMIA M. 137405
ADOLF LOOS, VILLA MOLLER, VIENNA 1928
PIANTA SECONDO PIANO 1 50
PIANTA TERZO PIANO 1 50

建筑各层平面图

11. 卡尔·马克思大院（Karl Marx-Hof）——红色维也纳时代留下的纪念碑

建 筑 师：卡尔·恩（Karl Ehn）

建造年代：1927—1930

地　　址：Heiligenstädter Str. 82，1190 Wien

温馨提示：私人住宅，内部无法参观

海利根施塔特虽然地处维也纳的北郊，但是由于有地铁U4线路直达，因此交通十分便利。前面“音乐之旅”中的一处贝多芬博物馆和故居便位于这里；此外，马勒墓所在的格林津公墓也在附近。如果从市中心的城市公园（stadtpark）站乘坐U4线，只需短短十多分钟，便可远离巴洛克老城的繁华热闹，置身于清新幽静的迷人郊外。

一出海利根施塔特的地铁站，你就会被横亘于眼前的卡尔·马克思大院所震慑。这可不是一座简单的建筑物，而是一组布置在狭长用地上的院落式大型居住区。它具有一个延绵长达1.2公里的超长立面，是一座拥有城市尺度的巨构。建筑均为四至六层，砖红色与黄色的色彩搭配鲜明夺目；一些单元中间的底部有着巨大的拱跨，便于人们通行至院落中，每个院落内部都拥有大片开阔的绿地和点缀其中的小品。拱形门洞上方有着雕塑和旗杆的装饰，鱼骨状的砖红色部分凸出于浅色外墙，形成一系列阳台。构图均衡的建筑体块，整齐有序的节奏韵律，构成了这座雄壮庞大、气势恢宏的“巨无霸”型住宅群落。虽为人居，却更似一座坚实宽广的城墙或堡垒，巨龙一般盘踞在大地之上，令人一眼望不到尽头。

地铁站外的大院建筑

立面上的装饰

你能想象出卡尔·马克思大院有多大规模吗？它以单体居民楼长度之最而居世界首位，据说绕这个住宅走上一周，需要近一个小时的时间！大院总共拥有1382套公寓，每套面积30至60平方米，可供5000人左右同时居住。此外，还有包括洗衣房、公共浴室、诊所、医院、办公楼、图书馆、青年旅舍、药房等二十多座大小不一的配套公共设施，能够满足居民社区生活的所有要求。这个超级街区占地15.6万平方米，住宅占地比率仅为18.5%，其余的81.5%都是绿地和花园。建筑围合而成的宽阔内院不仅营造出良好的景观，也为居民提供了宜人的休憩空间，同时还对城市完全开敞，可作为街头公园让市民们共享。千余米跨度的长矩形用地内，有四条车行路从骑楼的拱券门洞下横穿而过，这一举措保持了大院与外部城市之间便利的车行交通联系，令大院与城市毫无割裂之感。平面上的巨大尺寸、与城市道路平行的纵向延伸，这些特点共同赋予了它城市的规模，使之拥有史诗一般的巍然气魄。对居民来说，它是一个环境宜居的优美住宅区；对城市而言，它是一个门户向外开敞的城中之城。

那么这样一个超级大院是如何产生的呢？这要从一个世纪前的历史说起。1918年“一战”结束，皇帝被推翻，奥地利进入民主共和制。民选获胜的“社会民主党”

从内院看建筑

庭院中的雕塑

走上了政治舞台，开启了历史性的“红色维也纳”时代。虽然这个红色时代前后只维系了15年时间（1919—1934年），但是却留下了丰厚的社会主义政治遗产。当时社会上有超过25万名工人住在没有自来水的狭小公寓楼里，生活十分艰苦。于是社民党积极推行社会主义城市实验，从二十世纪二十年代中期开始，总共为劳动者们兴建了四百多个租金低廉的公共保障房社区，极大地改善了工人阶级的生活条件。这6万多套30~60平方米不等的住宅不仅能够保证水、气、电的供应，同时每户都设有门厅、厕所和阳台，大家拥有共享的公共绿地和生活配套服务设施，而每套公寓的平均租金只占一个普通工人收入的4%。上百名建筑师们满怀热情地投身到这场红色社会变革之中，打造出一系列体量庞大、造型宏伟的大院式集合住宅。这些纪念碑一般的巨型建筑就好像一面面迎风招展的红旗，彰显着社民党工人阶级的力量。

从地图上看，红色维也纳时期留下的社会保障住宅可谓星罗棋布。今天，当你漫步在维也纳街头，很可能会与这些红色住宅不期而遇。它们的建筑外墙上都会用红字写着标志和年代，如果你稍加留意，就会发现它们几乎都是1923年至1934年间的产物，它们是时代给这个城市打下的烙印。很难想象，如果没有这数以百计的红色住宅嵌入城市的肌理，如今的维也纳又会是怎样一番面貌？

在红色维也纳留下的建筑遗产中，规模最大、知名度最高的当属卡尔·马克思大院了。他的设计师名叫卡尔·恩（Karl Ehn，1884—1957），卡尔不仅是建筑大

临街的大院

从拱券门洞下穿过的车行路

师奥托·瓦格纳的学生，也是坚定的社会主义者。当年方案征集之时，他提供的是一份格外激动人心的图纸——建筑不再由单独的组团构成，而是由一片立面延续不断、拥有几个内院的庞大建筑物组成。它好像一个坚实的社会主义堡垒，还有着旗杆和瞭望塔，右翼阵营曾戏称它为“红色碉堡”。

1934年，奥地利内战爆发，这座“红色碉堡”成为抗击法西斯的战场。“二战”期间，这里曾遭到炮火的损坏，在二十世纪五十年代得以修复；此后在1989年、1992年又曾两度翻新，至今仍在被使用。它造型庄严伟岸，空间合理舒适，采光通风良好，生活设施全面，完美地体现了社会主义者们所追求的理想生活方式。

有趣的是，卡尔·马克思大院还曾经在一部意大利电影中出镜，那就是1974年的《午夜守门人》（*Il Portiere di Notte*），这是一部纳粹题材、虐恋情结的电影，背景正是1957年的维也纳。片中的男主角曾是纳粹军官，他的住所就位于这里。男女主人公重逢后旧情复燃，而他们的爱恨纠葛就尽数发生在这座大院的某间公寓之中。

时至今日，这座红色年代留下的丰碑依然是住宅设计中的经典之作。我国如今也面临着城市高速发展下的住房问题，很多城市都制订了保障性住房计划，也许卡尔·马克思大院可以带给我们一些有益的启发和思考。

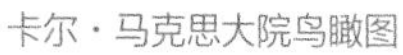
卡尔·马克思大院鸟瞰图

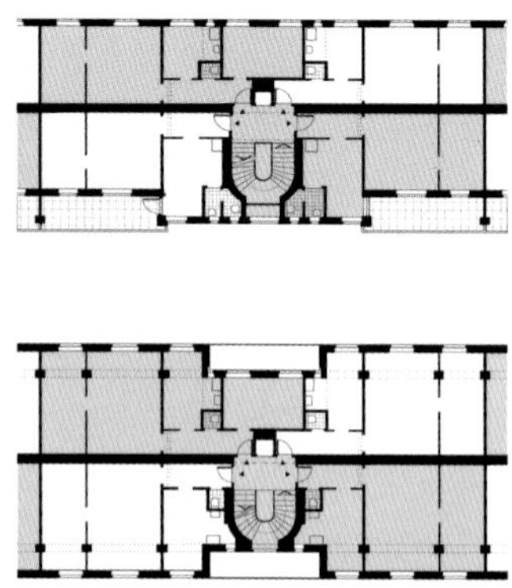

典型住宅平面图

当代建筑

Contemporary
Architecture

1. 维也纳博物馆区（Museums Quartier）——昔日皇家马厩改造而成的多元文化圣地

建 筑 师：ARGE architects Ortner & Ortner

建造年代：1998—2001

地　　址：Museumsplatz 1，1070 Wien

温馨提示：列奥博多博物馆开放时间周一至周日 10:00—18:00（周四延长至 21:00），周二闭馆；Mumok 开放时间周一 14:00—19:00，周二至周日 10:00—19:00（周四延长至 21:00）

维也纳博物馆区（简称MQ）是这座城市最有活力的社区之一，这里每年迎来送往的游客多达几百万人，优雅而繁华的生活场景赋予了它不同凡响的独特魅力。它坐落于环城大道边上十分显赫的位置，是一个规模宏大的院落型建筑群，其巴洛克风格的沿街立面长达400米，看上去蔚为壮观；马路对面则是著名的玛丽娅·特蕾莎广场和宏伟壮丽的自然史、艺术史博物馆。

在博物馆区内的很多拱券门洞上，都可以看到一对漂亮马头雕塑，造型生动、形态各异，原来这里昔日曾经是皇家马厩——1713年，建筑师约翰·费舍尔·冯·埃尔拉赫（就是设计美泉宫和国家图书馆的那位皇家御用建筑师 ）奉查理六世之命，设计了这座巴洛克式建筑。早在二十世纪八十年代，城市主管部门曾经想把这里改造成一个包含购物中心和酒店的商业综合体，但是遭

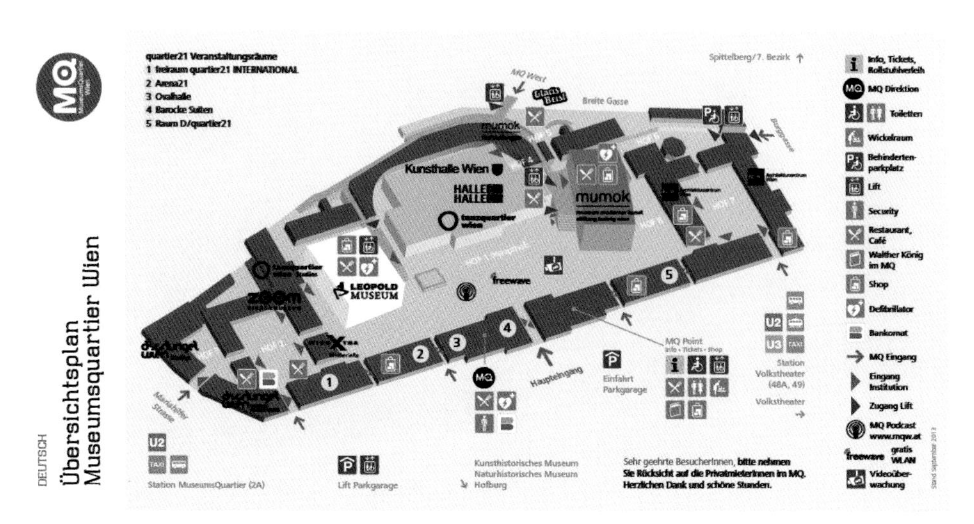

MQ平面布局总图

形态各异的马头雕塑

到了当地艺术和文化组织的强烈反对，后者更倾向于把这里打造为博物馆一类的文化设施。于是在1987年，一轮博物馆概念的国际竞赛拉开了序幕，最终有八个方案入围。1989年，第二轮竞赛的激烈角逐开始了，最终由奥地利本土的建筑设计事务所ARGE拔得头筹。此后的几年里，为了更好地保护这栋三百年历史的古建筑地标，设计团队在古建保护专家的协助下又将方案不断调整和完善，于是才有了如今这个古老与现代并存、极富艺术感染力的博物馆区。

占地超过9万平方米的维也纳博物馆区是奥地利规模最大的文化建筑群，它最大的成功体现在将当代建筑巧妙融合于历史建筑群落之中。建筑师力求在设计中延续过往与当下的联系，让历史和现代在同一个空间内精彩相遇、和谐共生。

从院落的外表看，米黄色的皇家建筑依然维持着三百年前的原貌，而当你穿过带有马头装饰的门洞进入院内，才会发现原来这里别有洞天——映入眼帘的除了宽阔的内院广场和古朴的老建筑，还有一白一黑两个体量突出的现代建筑，它们就是列奥博多博物馆（Leopold Musuem）和路德维希基金会现代展览馆（Mumok）。除了两个新建博物馆，这里还有原来老建筑改造的几座博物馆——维也纳艺术馆、儿童博物馆、第三个人博物馆以及维也纳建筑中心。在城市的建筑文脉中，博物馆区希望能与内城区以及周边街区建立起密切联系，因此这里除了拥有众多的博物馆，还设置有商店、书店、餐厅、咖啡厅、酒吧等，6万平方米的室内空间进驻了几十家不同的服务机构，再加上户外休闲广场，人们不仅可以在此感受杰出的艺术文化，同时也能体验丰富多彩的日常生活。

列奥博多博物馆

院落中最吸引人的是两个色彩反差强烈的新建博物馆，其简洁的现代风格与周边的巴洛克建筑形成了鲜明的对比，同时也给这古老的环境注入了活力和生机。

左侧的列奥博多博物馆是一个白色的立方体，建筑的外墙甚至屋顶都覆盖着白色石灰岩，这种高贵厚重的材料仿佛隐喻着其内部藏品的历史价值——大量一流的奥地利艺术收藏都荟萃于此，其展览特别值得一看！这里收藏有古斯塔夫·克里姆特、科罗曼·莫塞、奥斯卡·柯克西卡等众多著名画家的画作，不过该馆尤其以收藏表现主义画家埃贡·席勒的作品数量最多而著称，藏品中囊括了席勒所有创作时期的杰作，其中包括那幅最著名的《自画像》。博物馆内还展出有建筑师约瑟夫·霍夫曼、奥托·瓦格纳以及阿道夫·路斯等人设计的各式家具，很多作品都是出自1900年前后活跃于分离派的一批艺术家之手。无论是画家们的创新风格，还是建筑师们显示的跨界才能，都令人为世纪之交时维也纳的那段黄金年代感慨不已——那时的艺术界是多么思想活跃、百花齐放；那时的维也纳是多么人才济济、大师辈出啊！如果时光机可以带我穿越到一个过去的历史年代和地点去生活，那么我一定会毫不犹豫地选择1900年的维也纳！

列奥博多博物馆地上四层，地下三层。建筑内部采用敞开式设计，展览空间围绕着宽敞的中庭布置安排，上层的展厅里充满了光线。楼面上偶然出现的一块透明玻璃楼板，朝向中庭的墙面上出其不意开设的几个洞口，都能让人无意间窥视到相邻空间的情形，给人心理上带来一种戏剧性的出其不意和有趣的新奇感。外墙上也偶尔会有开设的外窗，设计中蕴藏着建筑师的小心机——隔着一层朦胧的纱帘，窗外就是对面宏伟的自然史、艺术史博物馆，此时的窗洞口就像一个完美的取景框，外面明亮的景色则好像一幅时时变幻的风景画，那生动的画面真是美不胜收！

右侧的Mumok平面形态为规整的矩形，外墙平整，但屋顶却呈弯曲的拱形，中部缓缓升起；建筑通体采用的都是灰色系的玄武岩，石材深浅的差异以及立面上不规则构图的窄缝和竖条细窗，使得建筑的表皮呈现出一种特殊的肌理和质感。不锈钢制成的“Mumok”几个银色字母纤细而精致，漂浮在灰色的外墙表皮之上。建筑的边角打磨成了柔和的圆弧形，与列奥博多博物馆锋利的棱角形成对比。

列奥博多博物馆的中庭

楼梯间朝向中庭的开洞

路斯的展区

展厅外墙上的“取景框”

瓦格纳的展区

展厅内景

Mumok博物馆

Mumok博物馆的转角细部

Mumok博物馆入口

黄昏时分的MQ广场

Mumok地上四层，地下两层。里面的展厅分为左右两部分，中间的交通空间采用了和外部一样的深灰色石材，顶部有自然采光、上下贯通的吹拔空间高达41米，以玻璃和金属质感的连桥连接左右两部分展览空间，建筑从外到内都给人一种冷峻、刚酷的感觉，气质与它内部所展示的前卫当代艺术如出一辙。从巴勃罗・毕加索[1]到安迪・沃霍尔[2]，再到阿尔伯特・厄伦[3]、乌尔里克・穆勒[4]，这些收藏品和特别展览代

1. 巴勃罗・毕加索（Pablo Ruiz Picasso，1881—1973），西班牙画家、雕塑家，现代艺术的创始人，当代西方最有创造性和影响最深远的艺术家。
2. 安迪・沃霍尔（Andy Warhol，1928—1987），美国艺术家，波普艺术的领袖人物，同时也是电影制片人、作家、摇滚乐作曲者和出版商，二十世纪艺术界最有名的人物之一。
3. 阿尔伯特・厄伦（Albert Oehlen，1954— ），德国艺术家，二十世纪八十年代以来当代艺术的代表人物，擅长将抽象、具象、图像拼贴和计算机生成的元素组合在一起，其作品具有多样性和创新性。
4. 乌尔里克・穆勒（Ulrike Müller，1971— ），出生于奥地利、居住在纽约的当代视觉艺术家，其作品可以被视为二十世纪七十年代以来女权运动的延伸。

表着传统与实验、过去与现在的融合。Mumok是一个围绕当代艺术进行批判性讨论的地方，这些艺术生动地揭示了我们社会发展的断层和变化，提高了我们的意识，也开辟了新的视角。

博物馆区的主庭院宽敞开阔，是城市中最大的封闭露天广场之一。广场上不仅有一方可供游客围坐休憩的宁静水池，还摆放着很多设计有趣的紫色塑料座椅，人们可以随意地躺在上面休息，仰望天空或者欣赏周边的美景，感受这里那种新老共融的活跃气氛。广场上还经常会举办一些活动，人气十分兴旺。夜幕降临时，白色的列奥博多博物馆外墙上被打上艺术宣传海报的彩色投影，广场四周灯火初明、人来人往，令这个艺术气息浓郁的博物馆区在夜晚散发出一种不同于白天的奇特魅力。

博物馆区内的餐厅、咖啡厅有很多，许多巴洛克式的拱券和天花板都被以不同的方式改造和利用。与维也纳建筑中心相邻的CORBACI就是一处很有特色的咖啡坊，它的室内是由两位法国建筑师设计改造的。只见弧形曲线的顶棚上铺满了异国情调的花卉图案彩色瓷砖——那是与一位土耳其艺术家合作设计、并在伊斯坦布尔制作而成的，整个室内都散发出一股浓郁的伊斯兰风情。

最后给大家推荐两个购物的好去处。尽管每家博物馆内部都有自己的纪念品商店，不过位于博物馆区主入口旁边的MQ Point精品店却更胜一筹。这里的每一件商品都独具新颖创意，充满设计灵感，相信你一定能在这里挑选到一份可心的礼物。相邻的还有一家艺术书店，也是五星级推荐。这里汇集了大量的建筑、绘画等各类艺术书籍，很多都是国内购买不到的，喜爱艺术的朋友一定可以淘到心仪的宝贝。

举世闻名的维也纳，不仅是音乐之都，也是文化之城。在维也纳博物馆区，你既能看到深刻厚重的历史、感受到维也纳人对传统文化的尊重，又能看到新鲜有趣的事物、体验到对创新精神的鼓舞和激励。这里是一个极具包容性、启发性的场所，它的大门友好地向各种文化敞开着，一切对立的事物在此都可能碰撞出激情的火花。如果你愿意花上半天甚至更多时间流连于此，相信你一定会像我一样深深爱上这个多元文化圣地！

夜幕下的MQ广场

连接左右展陈空间的金属连桥

CORBACI咖啡坊

艺术书店

纪念品商店

2. 哈斯商厦（Haas Haus）——圣斯蒂芬大教堂对面的后现代主义作品

建 筑 师：汉斯 · 霍莱茵（Hans Hollein）

建造年代：1986—1990

地　　址：Goldschmiedgasse 3，1010 Wien

温馨提示：营业时间周一至周六8:00—20:00，周日9:00—18:00

哈斯商厦位于维也纳历史中心区的核心位置，古罗马兵营的南部、格拉本步行街的转角处，而拥有八百多年历史的地标性建筑圣斯蒂芬大教堂就巍然屹立在它的对面。这样敏感而特殊的区位使它不仅要成为城市空间与大教堂之间的过渡，而且要具有历史和象征意义。原本按照法律规定，这里的建筑风格也必须是古典的。设计经历了很长时间的讨论，最后规划部门终于放宽条件，允许建筑师进行现代建筑语言的突破。

格拉本大街转角处的哈斯商厦

圣斯蒂芬大教堂对面的哈斯商厦

哈斯商厦细部

在一众古老的历史建筑群中，嵌入城市肌理、外表与众不同的哈斯商厦令人不禁眼前一亮。在设计中，汉斯·霍莱茵大胆采用了圆弧形的灰绿色天然石材与蓝灰色镜面玻璃，其形态模拟古老的罗马堡垒，立面上则延续这一历史街区的立面窗户节奏；曲面的玻璃和石材都浮游在结构框架体系之上，而框架体系的尺度则与周边建筑取得协调一致。石材在切割拼砌上仿照圣斯蒂芬大教堂坡顶上的纹理，凸出的弧形玻璃幕墙上则反射着历史建筑的影像。建筑师采用的这些手法，都是为了试图建立一个与历史建筑有相似语言、但是外表又截然不同的现代建筑。

哈斯商厦是一栋拥有多种功能的综合商业中心。不过在落成后的这些年里，它经历的改造和变化也不少。原本是高档精品店铺的五层商业目前已被全部改为时尚服装品牌ZARA的专卖店，令人无比遗憾的是，曾经那五层通高的中庭空间如今已被填补上了层层楼板，这样做虽然增加了不少商业零售面积，但原来奢华气派的空间感也荡然无存，只能从网上留存的旧照中去感知和想象了。商店上面的几层原为办公，最近则被整合改造成了酒店。屋顶则是一家拥有圆形玻璃幕墙的餐厅，上面有个夸张出挑的屋顶——那个飞扬的屋顶会让人联想到阿尔贝蒂娜博物馆的入口改造，同样都是出自霍莱茵大师的手笔。总之，哈斯商厦的存在非但没有破坏大教堂

嵌入历史中心区城市肌理的哈斯商厦

的历史感，反而为游客们提供了一种更加多元化的游览体验。

汉斯·霍莱茵的方案最初遭到了保守派的强烈抨击，他们抗议说，石材和玻璃构成的建筑与周围古老的建筑产生了冲突。然而，最终的结果是新与旧的成功结合，建筑的玻璃盔甲中对老建筑的反射反而令人极大地意识到了这一历史地段的重大意义，并且成功在维也纳老城区打造了一个焕然一新的视觉兴奋点。 前来圣斯蒂芬大教堂游览的朋友们，一定要顺便参观一下对面这个后现代主义大师的名作！

大师绘制的设计草图

原来五层通高的中庭

3. 皮克与克洛彭堡百货商场（Peek & Cloppenburg Department Store）——融入历史中心区的现代建筑

建 筑 师：大卫 · 奇普菲尔德（David Chipperfield）

建造年代：2007—2011

地　　址：Kärntner Str. 29-33，1010 Wien

电　　话：+43 1 3852694

温馨提示：营业时间周一至周五10:00—20:00，周六10:00—18:00，周日关门

皮克与克洛彭堡（Peek & Cloppenburg）是一家连锁型的德国高端服装百货公司，它汇集全球各地的时尚品牌于一身，其中也包括巴宝莉（Burberry）、马克·雅克布（Marc Jacobs）和保罗·史密斯（ Paul Smith）等高端名牌。这家大型商场就位于维也纳最繁华的步行商业街卡恩特纳大街（Kärntner Strasse）上，距离地标建筑圣斯蒂芬大教堂不到500米远的地方。早在2001年，这一历史中心区就被评为世界文化遗产，街区几乎全部由巴洛克风格的古典建筑组成，因此，要在这样敏感的城市心脏地带插入一个现代建筑确实是一项十分艰巨的挑战。

新建筑的设计借鉴了十九世纪百货商店的形式，并在传统风格、历史建筑特征和当代建筑语言之间进行了协调和平衡；它以嵌入的方式被建造于历史街区，四周都与老建筑相毗邻。由于旁边的老建筑大部分都是浅色外墙，这个新建的五层百货商场也采用了米白色的多瑙河石灰岩，从色彩上与周边环境相协调，同时又在周边一众巴洛克立面的建筑群中获得独特的存在感。引人瞩目的是商场巨大的矩形窗口，都是由整块的巨大玻璃制作而成，毫无遮挡的视线交流可以将周边街区景观最大限度地引入商场。其中一层的落地

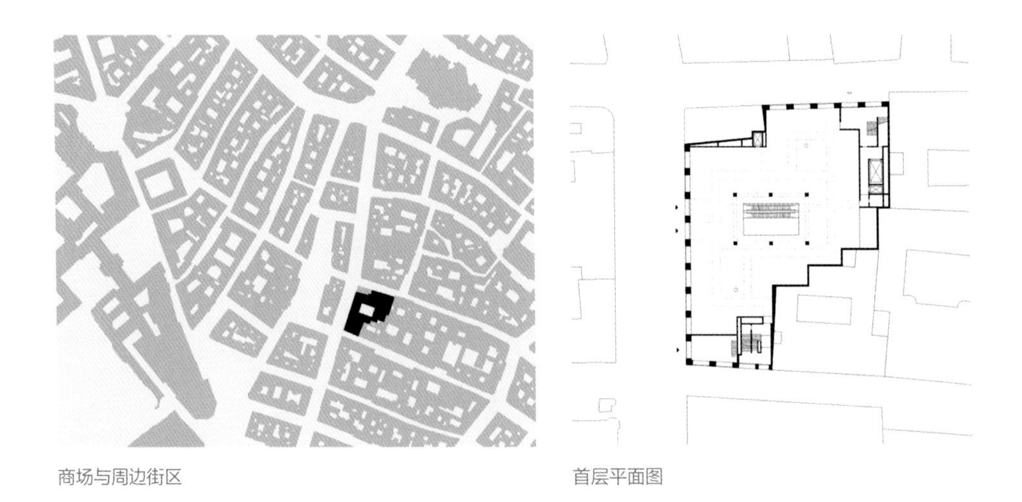

商场与周边街区　　首层平面图

窗与外墙平齐，而上面四层的窗洞口则深凹进去，充分显示出墙壁的厚重感。在立面高度和窗口划分上，新建筑都充分考虑了周边老建筑的基座、主体和檐口的位置（与路斯楼采取的策略相似），因此从体量和比例上看，新建筑与所在区域的历史文脉毫无违和感，巨大的楼体和谐地融入了周边历史街区的城市肌理之中。

从室内空间看，服装零售从地下室一直延伸到上面的五层；中心位置是一个矩形的自然采光中庭，两套自动扶梯构成了立体交通空间，垂直连接所有的楼层。在室内设计方面，建筑师也采用了简约的材料概念，白色的墙面、梁柱和吊顶与温暖的橡木地板一起形成了朴素平和的陪衬背景，让大家的注意力尽可能都集中在商场的主角——展示售卖的服装身上。在中庭的玻璃天窗下，有一层用铝材制成、银光闪闪的遮阳表皮是整个室内空间的亮点，它采用了基于圆形的镂空图案，既可以透入部分光线又有很好的装饰作用，同时也充满精致时髦的现代感。有金属框架支撑的玻璃采光顶是十九世纪欧洲老百货店的特征元素之一，维也纳这家百货店的新颖设计是建筑师对这一传统元素做出的一种当代诠释。

这座建筑的设计者是英国著名建筑师大卫·奇普菲尔德（David Chipperfield，1953—　），他在方案设计竞赛中战胜了理查德·迈耶（Richard Meier，1934—　）、

从卡恩特纳大街北侧看百货商场

从卡恩特纳大街南侧看百货商场

在卡恩特纳大街上远看百货商场

建筑细部

拉斐尔·莫内欧（Rafael Moneo，1937— ）等大腕建筑师，最终赢得了这个项目。大卫是我超级喜爱的一位极简主义建筑大师（预感他迟早要得普利兹克奖），简洁的形式和自然材料的运用是他作品的鲜明特征——无论是时装精品店、博物馆还是住宅建筑。这个建筑从老远打眼一看，我就立刻认出是他的作品，整个商场从外到内都给人以简约大气、干净利落的印象，没有一点多余的建筑语言，是一个用极简主义的设计手法将新建筑成功融于古老历史街区的优秀案例。

室内中庭

4. 阿尔贝蒂娜博物馆（Museum Albertina）——入口改造标新立异的艺术殿堂

建 筑 师：汉斯·霍莱茵（Hans Hollein）改造

建造年代：1745 / 1998—2003

地　　址：Albertinaplatz 1，1010 Wien

电　　话：+43 1 534830

温馨提示：开放时间每日10:00—18:00，周三、周五开放时间延长至21:00

阿尔贝蒂娜博物馆位于霍夫堡宫的东南端，老城区的中心位置，集皇家建筑风范与浓厚艺术特色于一身。它高踞在一段维也纳防御工事留下的堡垒城墙遗址之上，前方是宽敞的阿尔贝蒂娜广场，斜对面就是著名的萨赫酒店和国家歌剧院。

这栋建于十八世纪下半叶的建筑横跨四个世纪，见证了沧桑的历史变迁。它曾是哈布斯堡王朝皇宫的一部分，1776年，

阿尔贝蒂娜博物馆外观

玛丽娅·特蕾莎女王的女婿、热爱艺术收藏的阿尔贝特公爵（Albert Kasimir von Sachsen，1738—1822）创立了这座博物馆。如今的它则是享有国际声誉的艺术博物馆，收藏有从晚期哥特式到当代的65000幅画作和大约100万幅古旧印刷品。从米开朗基罗（Michelangelo Buonarroti，1475—1564）、丢勒（Albrecht Dürer，1471—1528）到鲁本斯（Peter Paul Rubens，1577—1640）、伦勃朗（Rembrandt，1606—1669），从克里姆特、席勒到毕加索，在这里，你可以畅游在600年欧洲艺术史的长河中，饱览其丰富而精彩的内容。其中德国文艺复兴巨匠丢勒的水彩画《野兔》更是镇馆之宝，这只五百年历史的兔子被刻画得纤毫毕现、灵动鲜活，吸引了无数艺术爱好者前来朝圣。

当你来到古老的阿尔贝蒂娜博物馆面前时，你一定会为它那横空出世的现代金属板入口而惊叹不已——它就像一只在高空中舒展着的巨大翅膀，延伸到阿尔贝蒂娜广场的上空！二十世纪九十年代中期，在博物馆入口改造的国际竞赛中，汉斯·霍莱茵凭借这个新颖的设计一举夺魁。当时参赛的还有女建筑师扎哈·哈迪德（Zaha Hadid，1950—2016），不过她的方案对老建筑入口以及周边人行道的改动都很大。而汉斯·霍莱茵采取的策略则是仅在原入口上方增设一个钛板的雨篷，使之在入口平台上夸张出挑近10米，并且将增设的现代交通核（直梯和扶梯）都隐藏于底层的城墙基座之中。无论从风格、重量还是质感来说，轻盈光滑的钛板都与老建筑厚重的石墙形成了强烈的对比，这仿佛也隐喻着博物馆内现代与传统艺术之间的冲撞交汇、和谐共存。这样巧妙的设计不仅完整保留了建筑的原立面，而且形成了博物馆极富个性与时代感的新标志，同时自然而然地将每一名到访者的视线都引向高高在上的入口位置。

博物馆下面的古城墙基座敦厚坚实，设有一圈龛进墙壁的人物雕塑。要想进入博物馆，必须要经过一个气势宏伟、两层楼高的大台阶（行动不便者可以借助电梯、扶梯）。拾级而上，只见每一级台阶的踢面上都印着不同的图案，远远看去就形成了一张令人震撼的巨幅海报！还未登堂入室，浓郁的艺术气息便已扑面而来。

登上台阶顶部，便到达了博物馆的入口平台。宽阔的平台上，除了横挑出来的

通向二层入口的艺术台阶

平台

入口大厅

入口雨篷，还有一个高大的青铜骑士雕像。这个平台可是非常有名，看过经典爱情片《爱在黎明破晓前》（*Before Sunrise*，1995）的“文青”们都一定记得那两组浪漫的镜头——夜幕下，男女主人公倚靠在平台的栏杆边说着悄悄话；黎明前，他们在骑士雕像下依依惜别，相约来年再会……因此这个平台备受年轻人追捧，成为情侣们热衷打卡的爱情圣地。电影导演确实很会选景，这个平台上的视野也真是独一无二。站在平台上向东南方向看，正好可以与萨赫酒店和国家歌剧院隔街相望；转过身向西行走两步，则是博物馆外的露天咖啡厅，可以居高临下俯瞰美丽的城堡花园。

1945年，这栋建筑曾经在“二战”的炮火中遭到毁坏，战后经历了重建。1998年，阿尔贝蒂娜博物馆决定关闭并进行翻修改造；2008年，经历了十年修整、焕然一新的博物馆重新对公众开放，浴火重生的艺术殿堂绽放出更加夺目的光彩。馆内增设了很多先进的设备，以满足当今现代化博物馆的硬件要求；建筑方面除了对入口进行了改造、增设了电梯和扶梯，其他部分基本只做翻新。

一进博物馆的大门，眼前呈现的是一个覆有玻璃采光顶、充满阳光的明亮大厅；室内装修沿袭了高贵细腻的古典风格，两侧布置有雕塑的白色走廊和铺着红色地毯的大楼梯，引导人们步入高雅的艺术殿堂。作为哈布斯堡家族大公的宅邸，博物馆内还拥有大约二十间经过精心修复的奢华厅室，它们以珍贵的墙壁装饰、晶莹的枝形吊灯、独特的镶嵌饰品和精致的古典家具而著称，将游客们带入华丽缤纷的贵族世界。这些经典廊厅包括缪斯厅、小西班牙厅、内阁厅、观众厅、皇家书房等，每个空间都装饰得精美绝伦、古香古色，令人仿佛梦回哈布斯堡王朝。

从博物馆参观出来后，站在阿尔贝蒂娜广场回望这栋古老的建筑，那夸张的悬挑雨篷依旧会令人驻足仰视、怦然心动。战争时经历的创伤与重建后获得的新生，历史的深邃烙印与现代文化的奇妙创造，这些看似矛盾却又和谐统一的特点正是阿尔贝蒂娜博物馆的独特魅力之所在！

走廊

缪斯厅

会客厅

皇家书房

5. 法尔科大街6号公寓的屋顶改建（Rooftop Remodeling Falkestrasse）——解构主义建筑的里程碑

建 筑 师：蓝天组（Coop Himmelblau）

建造年代：1987—1988

地 址：Falkestrasse 6，1010 Wien

温馨提示：私人场所，无法参观

“屋顶改造”这一项目是蓝天组的成名作，也是解构主义建筑的里程碑。二十世纪八十年代后期，正是解构主义风潮开始涌动之时，这个项目成为了第一个真正意义上的解构主义作品。虽然这个项目无法参观，但是由于它距离瓦格纳的邮政储蓄银行和MAK（应用艺术博物馆）都只有步行两三分钟的路程，所以非常建议顺便去瞻仰一下这个解构主义名作！

这栋矩形平面的公寓楼位于环城大道边上，隔着马路的正对面就是著名的MAK。而那个著名的屋顶则位于法尔科大街（Falkestrasse）和比贝尔大街（Biberstrasse）相交的拐角处。当我从邮政储蓄银行出来后，一边顺着地图的指引向南走，一边寻找着那个在杂志和网络上见过无数次的屋顶改造。还没走出几步远，我的眼前便豁然一亮——只见前面一栋米色住宅楼顶上冒出一角造型奇特的玻璃屋顶，这不就是我要找寻的大师之作吗？

乍一看，这是一栋非常普通的巴洛克式六层住宅楼，但是屋顶上露出的那一隅杂乱无章的金属与玻璃混合体，却与周边的历史建筑形成了强烈的反差。我在附近的街道上反复寻找了很多视点，但是由于建筑高、街道窄，无论怎样也看不全它的庐山真面目。虽然只能管中窥豹，但已足能感受到它那特立独行的叛逆、复杂与炫酷。

“屋顶改造”是蓝天组为维也纳一家知名的律师事务所而设计的。这家事务所本来位于建筑的一、二层，他们需要扩建一间会议室，而场地的位置处于距地21米的屋顶。这个屋顶改造空间共两层，高度7.8米，建筑面积约400平方米，包括一个90平方米的会议室和三个办公单元。建筑师设计了一道极富张力的弧线，钢铁的结构好像一只巨大翅膀的骨架，上面覆盖的玻璃却与金属骨架脱离开来，新奇的造型充满一种蓄势待发的能量。封闭的屋顶仿佛被撕裂，分裂代替了完整，自由代替了严谨，构图的破碎凌乱代替了紧致有序，建筑设计的空间和视觉感受在这里被重新定义。光线透过玻璃屋顶照进来，可以想象，沐浴在充满阳光的会议室内，人们所看到的城市风景将会瞬息万变。这是一个颠覆传统的新颖设计，它带给人们的是一种动态而有趣、兴奋而激动的空间体验。

从街道上看6号公寓

“屋顶改造”项目虽小，但是却有着“一石激起千层浪”的巨大影响力。这个金属与玻璃碎片堆砌而成的屋顶一经落成便赢得了无数赞誉，它表达了维也纳人对待建筑的开放态度，开辟了解构主义建筑的新篇章。虽然这是一个三十多年前的项目，但即便今天看来依旧是十分另类且出彩的设计，令人过目不忘。

夜景

室内

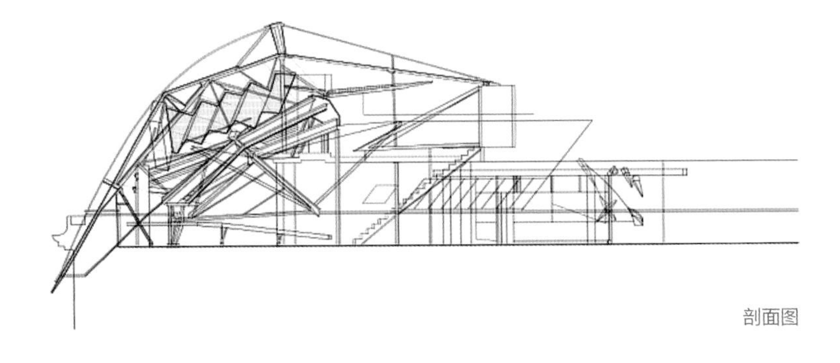
剖面图

6. 百水公寓（Hundertwasser House）和百水村（Hundertwasser Village）——童话世界般的“网红打卡胜地”

建 筑 师：百水先生（Fridensreich Hundertwasser）

建造年代：1983—1985

地　　址：Kegelgasse 36-38，1030 Wien

温馨提示：私人公寓，室内无法参观

在维也纳的旅行中，令我最有“网红打卡胜地”之感的就是这个童话世界般的百水公寓了。因为在这里你会看到成群结队、来自世界各地的游客，他们的到访令古老而狭窄的街巷变得拥挤而热闹。

漫步街头，你绝不会错过这栋房子，因为它实在是太过醒目，五颜六色、长满绿植的立面令它从周边一众米色、黄色的古典建筑中脱颖而出。这栋建筑当年是维也纳政府为低收入居民修建的廉租房，没想到在百水先生的妙手打造之下，一栋居民楼竟然成了与美泉宫、美景宫等名胜古迹齐名的著名景点，可见其魅力非同寻常。

百水先生（Fridensreich Hundertwasser，1928—2000）是一位奥地利鬼才艺术家，他童年时就展露出对色彩和形状的超凡领悟力，少年时就进入了维也纳艺术学院；青年时代他又去法国巴黎学习绘画，作品风格深受德国表现主义的影响。他的绘画色彩艳丽、构图抽象，极具装饰性。1952年至1953年间，他在维也纳首次举办了画展，强烈的个人风格让他一鸣惊人。1958年，他更是获得了巴西圣保罗艺术双年展大奖。他热爱自由、崇尚自然，拒绝理性、相信感觉，排斥直线与刻板，讨厌对称和规律。他的名言是

百水公寓的沿街立面

百水公寓的沿街立面

百水公寓的不临街立面

“高低不平的地面是双脚的享受”“笔直的线条是邪恶和不道德的”，其离经叛道的不羁理念由此可见一斑。百水先生原本只是一位画家，不过从二十世纪五十年代开始他越来越专注于建筑设计，在建筑师朋友约瑟夫·科拉维纳（Josef Krawina，1928— ）和彼得·佩利肯（Peter Pelikan，1941— ）的协助下，他终于创作出了自己的第一个建筑作品——个性十足的百水公寓，成功地实践了自己独特的设计理念。

来到百水公寓，就像走入了一个童话的世界，各种奇妙的幻象令人目不暇接，充分展露了设计师那天马行空的想象力。公寓楼的立面好像一幅充满童趣的涂鸦，各种明艳的色块调皮地组合在一起；大小不一、形式各异的窗户布满墙面，好像随时都可能有个小精灵会从里面探出头来；底层架空部分支撑的柱子每一棵都外观不一样，被各种颜色的彩色瓷砖包裹着；地面则做成了海浪一般起伏的地形，上面还种植着大树；还有，阳台、墙壁上那些绿意盎然的植物，屋顶上洋葱头一般玲珑的尖顶，视线通透的玻璃楼梯间，点缀着镜面碎片的曲面拱形内院入口……这所有的一切，仿佛都在表达着百水先生那人与自然共生的设计理念——建筑要源于自然并生长于自然，才

局部架空的底层

充满童趣的涂鸦

能拥有长久的生命力。整栋公寓设有16个私人阳台、3个公共平台，上面种植的两百多棵大树和灌木令这座住宅楼成为了城市中的绿洲，不愧被称为生态住宅。

百水公寓内大约有50套30～150平方米面积不等的住房，现在大约有150人住在里面，其中大部分都是艺术家。很可惜公寓内部是无法参观的，只在底层有个纪念品商店和咖啡厅可以进去逛一逛，咖啡厅里还有一部可以免费观看的百水先生纪录片。不过令人稍感欣慰的是，在公寓的对面，百水先生又设计了一栋百水村（Hundertwasser Village），相当于一个游客中心，人人都可以免费游览。这座房子的诞生一来是由于每天来百水公寓参观的人络绎不绝，修建一座配套设施势在必行；二来也是想展示一下百水先生的室内设计风格，以弥补那些游客不能进入公寓参观的遗憾。

百水村是一座二层建筑，它原本是一个轮胎工厂，1990年至1991年百水先生亲自对它进行了改造设计，于是就有了今天如梦似幻的模样。阳光从采光天窗照射进来，室内种植着很多绿色植物；房间和吧台都是形态自然的曲线，保龄球状的彩色柱子和碎瓷片的装饰随处可见；地面有些地方是坑坑洼洼不平整的，就连通往二层的楼梯也是弯曲并下陷的……洗手间的设计更是别致，歪歪扭扭的瓷砖形似水的波浪，每块镜子都拥有不同的形状和装饰。据说施工期间他会在现场监督并即兴创作，指挥并

百水村内的纪念品商店

百水村内的楼梯、绿植和采光顶

带动工人们一起拼贴突发奇想的瓷砖图案。建筑一层主要是琳琅满目的纪念品商店和位于中心的开敞酒吧，二层则陈列有百水先生绘画作品及建筑设计图片的展览。从这个百水村大概不难推想出百水公寓的室内，一定也是自由奔放且充满奇思妙想的设计。

从百水公寓向北走不到五百米，还有一座维也纳艺术之家（Kunst Haus Wien），它又名为百水博物馆（Museum Hundertwasser），也是百水先生设计的。博物馆共四层，主要展出百水先生的画作和建筑模型，也有一些其他艺术家的临时展览。

百水先生也被称作“奥地利的高迪”。的确，他们二人虽然相差了大半个世纪，但着实具有不少相似之处——都有非凡的想象力、超人的毅力与自由的灵魂，都偏爱浪漫曲线的造型，都善用明亮艳丽的色彩，都把公寓住宅变成了文化价值极大的艺术品。高迪的创造是精致华丽、美轮美奂，百水的设计则是雅俗共赏、童趣盎然；他们的作品都为这个多元化的世界带来了更多不一样的感官体验，也让我们看到了建筑形式的另一种可能。

7. 施比特劳垃圾焚烧发电厂（Müllverbrennungsanlage Spittelau）——城市中一道靓丽的风景线

建 筑 师：百水先生（Fridensreich Hundertwasser）

建造年代：1988—1992

地　　址：Spittelauer Lände 45，1090 Wien

在你的想象中，垃圾焚烧厂一定是个脏臭乱差、必须远离城市的可怕地方吧？然而在维也纳，你头脑中的这个固有认知会被彻底颠覆。维也纳不仅把垃圾焚烧厂修在了城市中，还化腐朽为神奇，把它变为了一处人们热衷打卡的旅游景点、城市中一道靓丽的风景线！

这座建筑坐落在维也纳市区北部第九区的多瑙运河河畔，两条不同高度的公路交汇之处。当你从U4/U6地铁线的施比特劳（Spittelau）站一出来，眼前便会顿时一亮——一座好似用彩色积木搭建而成的"梦幻城堡"触手可及，一个顶着硕大金球、形似魔法棍的烟囱直插云霄！如果你去过百水公寓，那么不难发现它们之间的神似。是的，这就是百水先生点石成金的又一作品——声名远扬的施比特劳垃圾焚烧发电厂，一座集艺术、科技、环保于一身的现代化工业建筑！高大的烟囱是用来排放废气的，而它上面那个金光灿灿的球体则是控制室。歪歪扭扭的轮廓线条，奇形怪状的彩色补丁，大小不一的金色球体，还有屋面种植的花草树木……真的像极了童话故事中带有瞭望塔的神秘城堡！鲜艳的色彩、不规则的曲线以及屋顶绿化，这些都大大减少了钢筋混凝土建筑带给人的冰冷感觉，使建筑变得具有温情和灵性。如果你在百水先生的建筑中隐

从高架公路上看发电厂

约看到了宫崎骏漫画的影子，那么一点也不稀奇，因为这位日本漫画大师正是百水先生的忠实粉丝！

这座垃圾焚烧厂始建于1971年，1988市政府决定对它进行升级改造，并请来百水先生，希望他把这座工业建筑设计成一个艺术作品。热爱自然且讲究环保的百水对市长提出了条件，要求必须解决垃圾回收利用等一系列问题；于是市长承诺在改造中采用最先进的技术和设备，实现无噪声、无污染、无辐射、零排放。最终，百水先生接受了这项挑战，并且分文不取。他成功地用明快的色彩和活泼的造型打造了一座地标建筑，完全打破了工业建筑在人们印象中的呆板形象。改造后的焚烧厂垃圾年处理能力达25万吨，产生的热能可以为周边约6万户居民供暖；焚烧后的气体经由过滤净化再排入大气，残渣则可以用作建筑材料。行走在建筑外围，既闻不到异味，也听不见噪音，更看不到烟气，这的确是一座非常环保的垃圾焚烧厂。

WIENERGIEBÜNDEL HABEN
JEDE MENGE EXTRAWÜRSTEL.
Kundendienstzentrum Spittelau >>>

WIENERGIEBÜNDEL HABEN
JEDE MENGE EXTRAWÜRSTEL.
WIENERGIEBÜNDEL HABEN
JEDE MENGE EXTRAWÜRSTEL.
Tunika
19,99
U

从不同角度看发电厂

立面细部

有意思的是1995年日本大阪市市长来访，参观了这个垃圾焚烧厂后不禁赞不绝口，于是邀请百水先生为大阪市也设计了一栋风格相近的舞洲岛垃圾焚烧厂，结果建成后也是广受欢迎，成为了一处吸引观光客人的旅游景点。

百水先生一生共设计了五十多座妙趣横生的建筑，地点遍及世界各地。也许是上帝觉得世界上的房子都太千篇一律了，所以才派百水先生来给大家建造一些精灵般可爱的房子吧！百水先生用他的新颖创意给建筑注入了鲜活的生命力，赋予它们人类的情感，同时也让周边生活着的人们感到舒适和愉快，他让我们在成年人的世界中看到了一份返璞归真的烂漫童心。对于一位艺术家来说，还有什么比保持一颗童心更可贵的呢?

正如他所言："人类本来就该活在天堂里"，百水先生一直在用他的艺术天赋辛勤耕耘，努力为人类去创造一个与自然和谐共处的理想天堂。

8. 施比特劳高架桥公寓楼（Spitellau Viaducts Apartment）——悬浮在空中的白色房子

建 筑 师：扎哈 · 哈迪德（Zaha Hadid）

建造年代：1994—2006

地　　址：Spittelauer Lände 10，1090 Wien

温馨提示：私人公寓，室内无法参观

在男性一统天下的建筑界，“女魔头”扎哈·哈迪德绝对是一颗光芒耀眼的明星。她以大胆的想象、奇幻的造型著称，被称为解构主义大师。只可惜天妒英才，2016年，正值盛年的她66岁便撒手人寰。扎哈生前在维也纳一共留下了两个建筑作品，一个是前几年完成的维也纳经济大学图书馆，另一个就是早年设计的这座公寓楼。当时的她可谓“小荷才露尖尖角”，刚刚有了第一座建成的作品，也是她的成名之作——德国莱茵河畔魏尔镇的一座消防站（1993年），充满幻想的超现实主义风格令她在建筑界初显锋芒。

这座公寓楼所处的地段位于维也纳北部最重要的交通枢纽施比特劳（Spittelau），百水先生设计的垃圾焚烧厂就在它的北侧，与它咫尺之遥。它的西侧紧邻维也纳一条主要的高速路，再向西的地块则是维也纳经济大学校区（现为维也纳大学）；它的东侧则是玉带一般穿过城市的多瑙运河，景观颇佳。这是一个文脉极为复杂的城市地段，因为有一条重要的古老高架铁路从建筑基地贯穿而过——它出自奥地利著名建筑师奥托·瓦格纳之手，是维也纳最早的铁道线路之一，迄今已有一百多年的历史；它见证了这个城市的交通发展与变迁，是维也纳不可替代的一段城市记忆。鉴于其独特的历史价值和文化价值，该高架桥作为铁路的功能虽已废弃，但是

高速公路旁的公寓楼

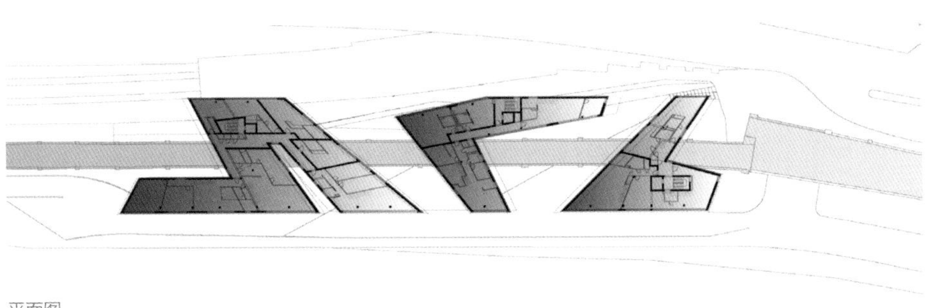

平面图

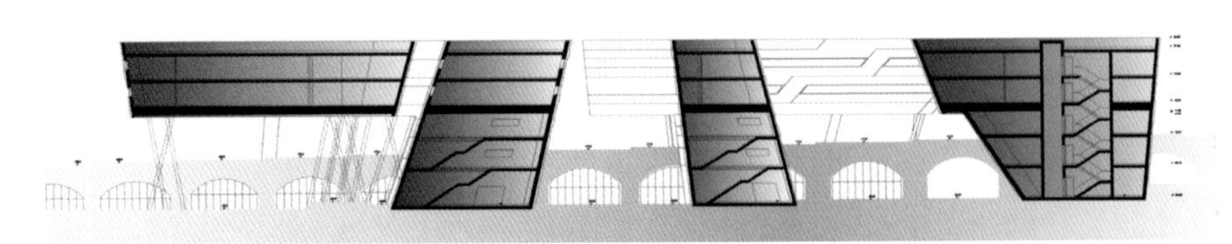

剖面图

却被改造成一段自行车道并保护起来。

二十世纪九十年代初，维也纳政府计划在这块基地上建造一组供学生和访问学者租用的公寓，同时希望这个项目能够将临河地段与城市空间相结合，激发出这一地域的活力。由于该地块中央有一段具有历史纪念意义的高架桥，因此很多人都认为这块场地并不适合建造房子，但彼时才刚刚小有名气的扎哈却勇敢地接受了这一挑战。当年她是维也纳应用艺术大学的建筑系教授，距离她摘得普利兹克建筑大奖的桂冠还有十年光景。

创造力非凡的扎哈采取了一个非常巧妙的策略，她将公寓楼高高托起，使它悬浮于高架桥之上，既使新建筑获得了充足的用地和空间，又保护了历史遗迹。当时的扎哈还没有走向善用流动曲线的风格——虽然整个房子没有一处是90度直角，但都是倾斜的直线。只见一组颜色干净素白、体型简洁利落的房子被一束束倾斜的柱子支撑着，凌驾于深褐色红砖、绿色栏杆的古老高架桥之上，远远看去就好像漂浮在多瑙运河上的一艘轮船。新建筑以斜切、折叠、扭曲的姿态在老建筑上面盘根错节、蜿蜒前行，既展现了活力与动感的新生力量，也给历史高架桥留足了呼吸的空间。其中，高架桥下的拱券空间被改造为艺术家工作室。新老建筑犹如两条纽带一般有机交织在一起，形成亲密、互动的空间关系，同时又彼此独立、互不干扰，完美体现了气氛和谐的新旧共生。

凌驾于古老高架桥上的公寓楼

公寓楼局部

这组飘浮在空中的公寓不仅使居住者获得了良好的视野，同时也保障了住宅的私密性。建筑的表皮只采用了白色的涂料和简单的窗洞，没有任何华丽的包装；这种朴素使建筑显示出一种谦逊的姿态，体现了建筑师对历史遗迹的尊重。同时，架空的底层也形成了一个自由开放的城市公共空间，为人们聚会和散步提供了理想的场所。此外，扎哈还对滨水的基地进行了精心改造，以坡道巧妙解决了城市腹地与水岸之间的高差，并设计了一条亲水步道，使行人可以更好地欣赏到美丽的河畔景色。

扎哈不愧为一位天才建筑师，她的这栋早期作品不仅巧妙解决了当地的居住问题、给基地注入了新鲜活力，同时也提升了施比特劳地区的城市形象，这座住宅楼和百水先生的垃圾焚烧厂一起成为这一区域的时尚地标。

多瑙运河倒映着的公寓楼（作者手绘）

9. 杰纳瑞里媒体大楼（Generali Media Tower）——多瑙运河河畔的后现代建筑

建 筑 师：汉斯·霍莱茵（Hans Hollein）

建造年代：1997—2000

地　　址：Taborstrasse 1-3，1020 Wien

在维也纳内城区的北侧，有一条美丽的河流蜿蜒穿过城市，这条河就是多瑙河的支流，也叫多瑙运河（Donaukanal）。只见河岸北侧林立着一排排的高层现代建筑，而南侧则是老建筑云集的内城区。隔着这条运河，时光仿佛跨越了几个世纪。在地铁U1和U4线交汇的瑞典广场（Schwedenplazt）站附近，有一条人车混行的宽阔大桥横跨运河，它是连接着内城和外城的交通要道；而汉斯·霍莱茵为杰纳瑞里保险公司设计的媒体大楼就地处大桥北端的街角位置，这里正是从外城通向内城区的重要大门。

71米高的杰纳瑞里媒体大楼地上总计十八层，它有着刀削斧凿般齐整的体块造型，是多瑙运河沿岸高层建筑中的一个重要地标。由于所处的位置相当关键，因此这座建筑首先考虑的是与周边城市肌理及建筑环境的融合。一栋高层建筑要从十九世纪的建筑群中拔地而起，因此在平面布局上，它延续了附近相邻街区的矩阵布局形式；立面造型上，它虽然略显繁复，但各种形式的体量都力求与城市周边环境精准契合并相互呼应，显然是经过了多次推敲与深思熟虑。

它的建筑主体分为三个部分——底部采用黑色石材，代表对周边十九世纪砖石建筑的一种延续；中高层的材质为银色金属幕墙，意味着与马路对面“二战”后修建的板式高层建筑的对话；

高层表皮则为玻璃幕墙，稍向外倾斜的造型象征着朝向未来，顶部还有一个巨大醒目的LED屏幕，显示着媒体大楼与这个信息时代的紧密联系。大师设计的这栋大楼绝不是一个生硬、孤傲的存在，而是能与周边环境产生友好对话、融入城市肌理的一座建筑物。

令人感慨的是十年之后，它对面的那栋原本与之对话的高层板楼被拆除了，取而代之的是让·努维尔（Jean Nouvel，1945—　）大师设计的索菲特酒店（后文中将提到），这下轮到这座新酒店要与媒体大楼来对话了。建筑设计就是这样，必须考虑到场地附近已有的落成建筑和周边环境，力求使新建筑与之产生文脉上的关联。

从桥上看媒体大楼

媒体大楼局部

仰视媒体大楼

媒体大楼与原来对面的板楼

入口大堂

10. 维也纳索菲特酒店（SO/ Vienna Hotel）——夜晚天幕上的一抹亮彩

建 筑 师：让·努维尔（Jean Nouvel）

建造年代：2006—2010

地　　址：Praterstrasse 1，1020 Wien

电　　话：+43 1 906160

在杰纳瑞里媒体大楼的马路对面，原本曾是一栋“二战”后修建的维也纳第一代高层建筑，而今则矗立着一座时尚现代的五星级酒店——维也纳索菲特酒店，而它的设计者正是2008年普利兹克奖得主、著名法国建筑大师让·努维尔，他曾在国际高手云集的中国美术馆二期竞赛投标中一举夺冠，那将成为他在中国建成的第一个作品。

河对岸的媒体大楼和酒店

夜色中的酒店入口

站在老建筑林立的内城区，从U1、U4线的瑞典广场（Schwedenplazt）站出口向北看，运河的对岸就是这栋索菲特酒店和杰纳瑞里媒体大楼。它们分别位于塔博尔大街（Taborstrasse）的两侧，高度几乎相同，就像是一对守护着维也纳内城区大门的忠诚卫士。仔细观察你会发现，朝向塔博尔大街的一侧，两座大楼的主体都不是垂直的，而是微微向对方倾斜，就好像两位老朋友在友好地相互招手致意。显然，努维尔后来设计这座酒店时是在以这种方式巧妙地呼应霍莱茵设计的媒体大楼，同时也是在向霍莱茵这位建筑界老前辈谦恭地致敬。

索菲特酒店采用了简洁方整的体块造型和灰色的玻璃幕墙，线条陡峭挺直的高楼与老城区轮廓复杂的剪影形成了鲜明的对照；而它最惹人注目的是通过透明玻璃清晰可见的顶部天花，缤纷绚烂的色彩构成了城市天际线中一道靓丽的风景，充满浪漫的艺术气息。

这是一栋75米高的十八层大楼，内有182间客房、会议室、健身房、大型零售区以及位于顶层的全景餐厅等。建筑设计中最大的亮点莫过于它在天花上大面积采用的

夜晚的顶层酒吧

夜色中的酒店

彩色视频面板，那五彩斑斓的感官效果成为了备受瞩目的视觉焦点。巨幅彩色视频面板被应用于三个地方的天花板——首层酒店入口大堂、五层及十八层的斜屋顶。那些色彩丰富的天花图案是由瑞士女性视觉艺术家皮皮洛提·李斯特（Piplloti Rist，1962—　）设计的，热情奔放且个性强烈，给酒店内部和周边的城市空间都带来了一股青春洋溢的新鲜活力。

如果你来参观这栋酒店，一定要去位于顶层的餐厅体验一下。四周全景透明的落地玻璃窗为用餐者提供了极佳的视野，维也纳全城的美景几乎都可以尽收眼底。向南眺望就是内城区，圣斯蒂芬大教堂高耸的尖顶在一片低矮的古老建筑中显得格外醒目。黄昏时分，在这里凝望美丽的维也纳逐渐沉入一片暮霭之中，真是一种莫大的享受，而夜幕低垂、灯火阑珊的夜景则更是美不胜收。彩色屏幕的顶棚在黝黑的天幕衬托下也显得更为妖娆艳丽，透明玻璃的反射形成虚幻缥缈的光影，令人竟会产生室内空间仿佛延续到了室外的错觉……那亦真亦幻、虚实相映的奇妙效果真是一场华丽而梦幻的视觉盛宴，相信你一定会深深沉醉在这浪漫至极的迷人夜色中而不忍离去！

在酒店大堂看入口雨篷

玻璃中的彩色天棚反射与窗外的夜色相互交织

11. 煤气罐新城（Gasometer City）——重获新生的“四大金刚”

建 筑 师：Jean Nouvel，COOP Himmerlblau，Wilhelm Holzbauer，Manfred wehdorn
建造年代：1999—2001
地　　址：Guglgasse 6-14，1110 Wien

在从维也纳机场乘车前往市区的途中，如果你稍加留意，便可以从道路左侧看到这组“四大金刚”般的庞然大物，它们形成了维也纳城市天际线上一道醒目的标志。

这是一组建造于1896—1899年、用来储存煤气的红砖建筑物，当年曾经是奥地利先进科技的象征。它由四个高度72.5米、直径64.9米的圆柱形罐体和一组控制室组成，罐体容积总计36万立方米，体量居欧洲之首。二十世纪七十年代，维也纳逐渐以天然气取代了煤气；1978年，煤气罐被列为历史地标；1985年，煤气罐彻底退出历史舞台，内部设施也被拆除。然而这四个巨罐经历了两次世界大战和冷战，目睹了从奥匈帝国到奥地利第二共和国的改朝换代，承载着维也纳人民的历史记忆；而且建筑物的外立面采用红砖并装饰以白色线脚，有着丰富的细节和完美的比例，是一组精美考究的新古典主义风格建筑物。它们像四座宏伟的纪念碑，具有独一无二的标志性。如此具有历史和文化价值的工业建筑遗产，让人怎能忍心任其荒废？

在被闲置的那些年里，煤气罐曾被用作电影“007”之《黎明杀机》（*The Living Daylights*，1987）的外景拍摄地，也曾被用作举行舞会和音乐会的场所，但这些都不足以充分发掘出它们的价

阳光下的两座煤气罐

值。从二十世纪六十年代开始，随着后工业革命时代的到来，西方国家逐渐掀起了工业建筑遗产改造利用的热潮。在这样的背景下，1995年，奥地利政府终于决定复苏和重塑这一历史建筑，并开始征集改造方案。他们提出的要求是充分尊重老建筑在城市历史中扮演的角色，保护其原有立面，通过内部结构的改建来实现其功能转换，使它既能满足人们现代生活的新需求，又能让人们辨认出其昔日功能，唤起人们对它的历史记忆。

煤气罐改造项目的最初定位仅为住宅，后来考虑到人们的居住也需要生活配套设施，于是改为“集购物、展会、办公、住宅、休闲娱乐、旅游为一体的城中城”。经历了多轮的方案征集和讨论，这四个煤气罐的改造项目最终由四位建筑师出色地完成——法国的让·努维尔（A座），奥地利本土的蓝天组（B座）、曼弗雷迪·威道恩（Manfred Wehdorn，1942— / C座）和威尔海姆·霍兹鲍耶（Wilhelm Holzbauer，1930—2019 / D座）。2001年，煤气罐被赋予了鲜活的生命，以崭新的姿态重新亮相，成为老建筑保护再利用的成功案例。

煤气罐新城的交通极为便捷，从地铁U3线的煤气罐（Gasometer）站一出到地面，便可直接到达努维尔大师设计的A座入口。只有当你亲临现场并抬头仰视这组硕大无朋的建筑物时，你才会为它巨大的体量和惊人的尺度所深深震撼，一百多年前的工业建筑真的是伟大而壮观！斑驳老旧的红砖、丰富细腻的线脚、典雅优美的拱券以及工业味道的煤气压力表盘，无一不在向人们述说着它那悠久的历史和曾经的辉煌。

A座的功能主要是商场，三层通高的中庭周边布置的是各种商铺，阳光透过原有建筑的玻璃穹顶，从中庭加建的弧形玻璃天棚洒向商场室内空间；三层以上则是办公和住宅，每个房间都有着良好的采光和通风。

B座是由奥地利著名的解构主义设计师组合蓝天组操刀设计的，也是这组改造中最具突破性的一个。除了在罐体内部设计了一栋十二层公寓楼，他们还在B座朝向街道的一面别出心裁地贴建了一座十八层公寓楼——以玻璃和铝板幕墙为主、剖面呈折线形，好似保护着老建筑外墙的一面坚实盾牌。新公寓造型简洁现代，先倚向B座又折向天空的姿态仿佛表达着新旧建筑之间剪不断、理还乱的复杂情感；新老元素的碰撞和新旧材料的强烈反差则体现了城市历史与现代都市生活的重叠和穿插，令人充分感受到老建筑焕发的新活力。B座内部的功能主要是底层可容纳3000人的多功能厅和上部的环形公寓楼。

C座的设计师是最早提出将煤气罐转变为住宅的建筑师，他的改造方案体现了其成熟构思。C座的地下为车库，底部两层也为商场，其上部的环形住宅被四处镂空的楼梯交通空间划分为四个单元，不仅为居民提供了室内花园和阳光内院，而且通过进退的露台形成错落有致的空间，再现了维也纳传统住宅的模式与风格。

D座的核心内容是下部的城乡档案馆和上部的住宅，不过建筑师没有把住宅沿外墙设置成环形，而是设计在了中心，并且穿插了三个庭院。

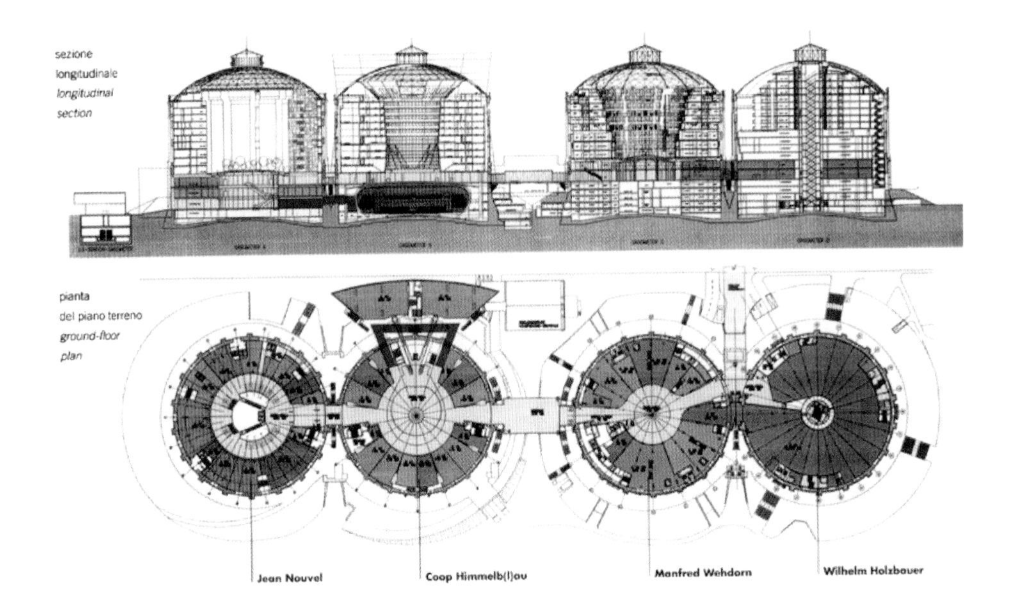

平剖面示意图

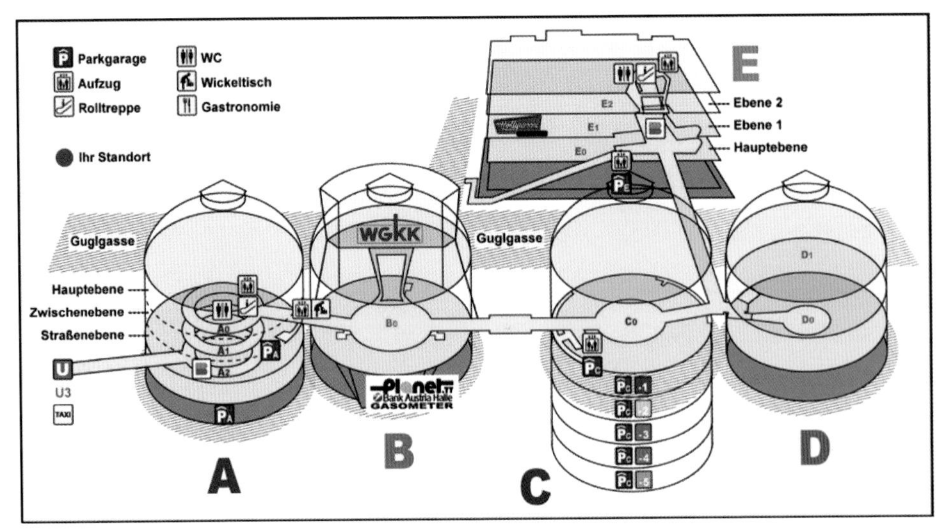

交通示意图

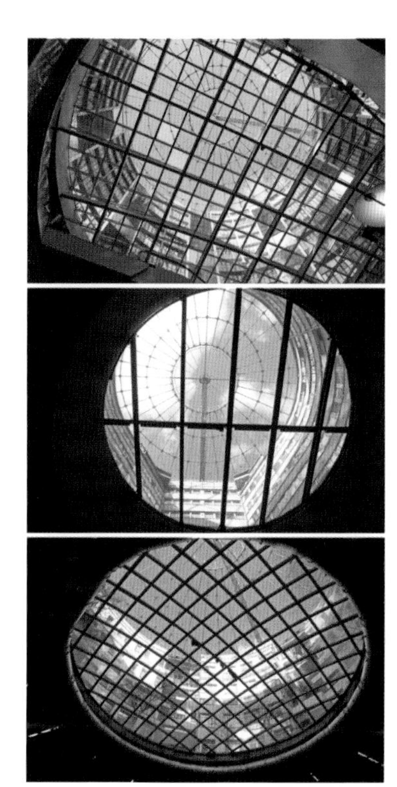

A、B、C座的采光天棚

外墙细部

A座商场

B座及其外面贴建的公寓

B座和C座之间的玻璃连廊

这四座煤气罐都有相对独立的功能，建筑之间采用增设的透明玻璃连廊相连接，连同底层的购物空间一起，构成了一条水平的纽带，将它们联系成为一个整体。在这四座建筑之外，还有一个新建的E座，通过一条玻璃连廊与C座相接，成为新城的一部分。E座的功能主要是为住宅配套的娱乐设施，包括电影院、餐饮等休闲空间；它的外立面采用了五彩缤纷的彩色透明玻璃幕墙，室内充溢着梦幻浪漫的色彩，整个建筑透露出一股朝气蓬勃的活力。E座连同B座贴建的公寓楼一起，以材质轻盈的幕墙与煤气罐厚重的外表形成对比，新与旧、虚与实的映照使人能够清晰读出城市的发展史，并真切感受到那些历史片段与现代都市生活的交融。

改造后的煤气罐新城规模庞大，总建筑面积仅地上就达到了9.4万平方米，建筑师们通过保持外观、增建空间、转换功能、水平连接等改造策略成功地使它变废为宝、重获新生，成为了一个风格鲜明、魅力独具的城市大型综合体。与此同时，煤气罐新城也逐渐发展为维也纳一个新兴的人文景观和文化地标，成为越来越多的旅行者的必到打卡之处，也为该地区的经济繁荣发展作出了卓越的贡献。

C座通往E栋的玻璃连廊

D座入口

从玻璃连廊内看E座

E座室内

街角处的标志性建筑

层层叠叠、错落有致，还有金属和混凝土质感上的对比，在视觉上给人一种音乐般美妙的韵律感。

当你走到中部会议中心的背面时，会惊喜地迎来一个戏剧性的高潮——一个巨大的红色体块好像凸出的长焦镜头一般从主体结构中横空悬出，令人感到精神为之一振！这个悬挑构件形成了天然的雨篷和遮阳罩，下面摆放了很多座椅，是会议中心首层咖啡厅在室外空间上的延续。

不巧的是，我参观的当天会议中心内部正在召开一个会议，因此不能进入参观。但后来我从蓝天组事务所的网站上看到了会议中心的室内空间，只见室内也是红色的墙面，有一个引人注目的大楼梯，一直通向那个雕塑般悬挑而出的红色空间！原来这是一个光线和视野都极好的休息厅，巨大的落地玻璃窗朝向背面的花园，如同相机的取景框一般，将满目青翠的美景尽收眼底。

我十分喜欢这个坐落在普通社区街道中的建筑，它契合环境又动静相宜，朴素之中流露出并不过分的夸张，平凡之中不乏令人雀跃的欢喜，带有典型的蓝天组风格特征。我们的社区中不也正需要这样的建筑吗？

粗犷的金属框架

背向街道的立面充满韵律感

面朝庭院的休息厅

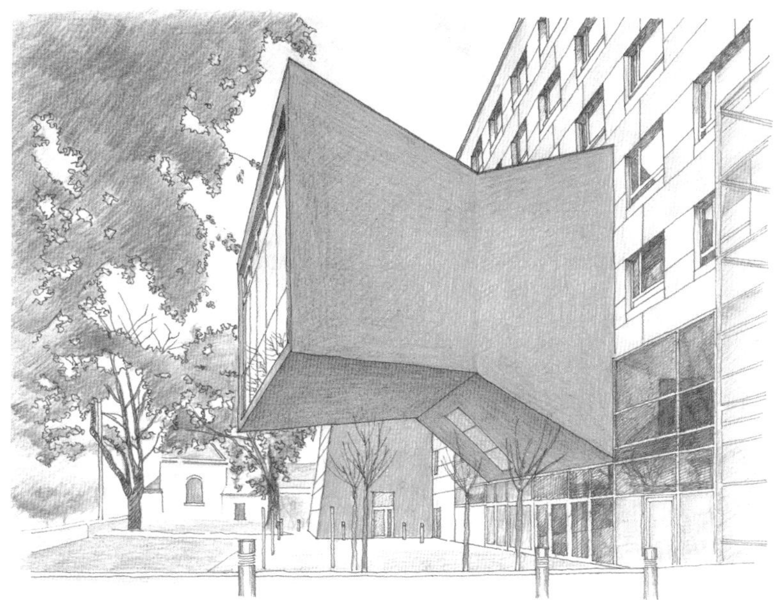

红色悬挑的休息厅（作者手绘）

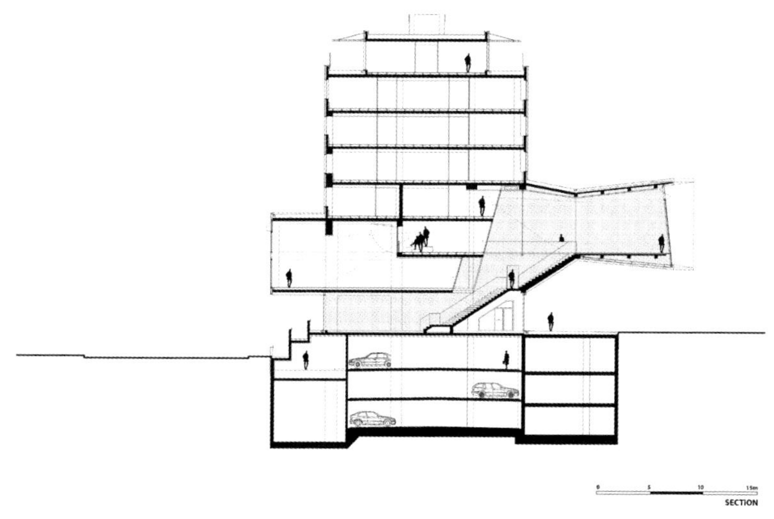

剖面图

13. 维也纳经济管理大学（Vienna University of Economics and Business）——明星团队打造的新校区，大学校园建筑史上的里程碑

地　　址：Welthandelsplatz 1，1020 Wien

建造年代：2009—2013

电　　话：+43 1 313360

温馨提示：校园及单体建筑均对公众开放，并为10人以上团体提供有偿校园建筑导览服务，此项服务需上校园网站根据具体情况和要求提前进行预约

如果你是现代建筑的爱好者或者对大学校园感兴趣，那么一定要到维也纳经济管理大学（简称WU）去看一看！因为这里的每一栋建筑都追求创新、极富个性与时代感，绝对会刷新你对大学校园的认知！

维也纳经济管理大学创立于1898年，是一所拥有一百多年历史的综合性大学，创新精神一直是它的传统。在连续几轮国际设计竞赛的方案遴选之后，来自维也纳本地的BUS建筑事务所负责起校园总体规划和景观设计，而其他单体建筑的设计则分别由来自不同国家的设计公司承担。整个校园的设计由一个超级闪亮的明星团队打造而成，其设计的先进理念及新颖手法令维也纳经济管理大学一举成为大学校园建筑史上的里程碑。

2013年，经过短短四年的建设，在景色优美的普拉特公园（Prater Park）旁边，维也纳经济管理大学的新校区终于落成。这里总共有25000名学生和1500名教职工；用地面积9公顷的狭长基地上总共屹立着7栋建筑物，其中建筑占地面积35000平方米，总建筑面积近140000平方米，建设耗资4.92亿欧元。这7栋建筑物

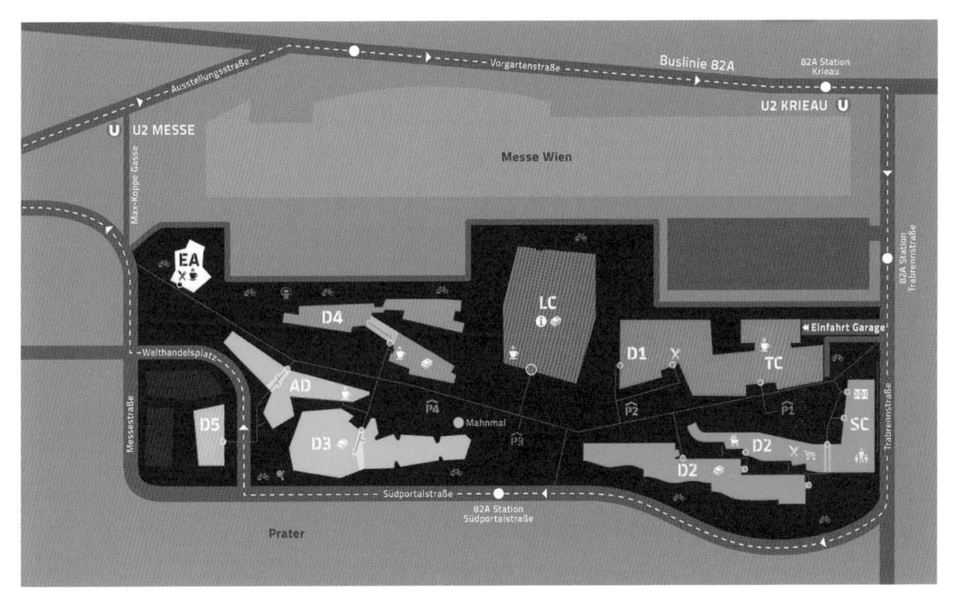

校园总图

全部由国际知名的建筑师事务所设计完成，每一栋的造型都标新立异、与众不同，同时还满足师生交流、学习和研究的基本功能需求。其中，女建筑师扎哈·哈迪德设计的图书馆坐落于校园中部的核心位置，是领衔主演的超级明星；其他几座建筑物则围绕它布置，虽然是配角，但也都足够精彩、个性鲜明。尽管每栋建筑都各具特色、令人惊艳，但是却一起构成了和谐、有机的校园整体，而且充满青春活力与时代气息。

此外，BUS事务所设计的校园景观环境也非常出彩，形成了吸引人驻足停留的户外交往空间。校园用地呈狭长的矩形，整个场地被交通路线所划分，建筑物置身于开放的景观环境之中。景观环境定义了校园中不同空间的边际和交叉点，界定了邻里空间与整个校园的空间序列，并使之形成一个巧妙融合的整体。景观设计的主题为“园中漫步”，沿着绿地之间的小径，可以通向不同的区域，体验不一样的风情。休闲的座椅、浅浅的水池、多样的植物，这些元素一起构成了活跃而亲切的景观环境，让人们在休憩放松的同时感受季节更迭的不同美景。

校园景观

校园局部建筑群

校园鸟瞰

维也纳经济管理大学具有极好的可达性，乘坐U2线到达普拉特展览馆（Messe-Prater）站后下车，再向南走300多米就是它的校园了。便利的公共交通，周边一应俱全的展览、娱乐、餐饮、体育等综合设施，这些都促成了这座大学校园的欣欣向荣。维也纳经济管理大学已经成为普拉特地区一个崭新的地标，一个活跃的区域，它独特的吸引力不仅提升了城市的整体环境，而且也带动了周边经济的发展，使原本冷清寥落的普拉特地区变得日趋繁荣兴旺。

参观完整个校园后，我在兴奋难抑的同时不禁无限感慨——每天身处如此一个洋溢着活跃学术气氛、激发创造力与好奇心的学习环境之中，这里的学生们怎能不成为脑洞大开、勇于创新的栋梁之材呢？！

① 图书馆与学习中心（Library & Learning Center）——校园中最亮眼的一颗明星

建 筑 师：扎哈·哈迪德

建筑面积：28000平方米

如果说维也纳经济管理大学的校园建筑群是群星争辉，那么扎哈·哈迪德设计的这栋图书馆无疑就是其中最耀眼的那一颗。

图书馆是学生们汲取知识养分的学习空间，在校园中的地位相当重要，因此位于整个校园中心的一块多边形地段上。虽然扎哈设计的这栋图书馆并没有采用亮丽的色彩，也没有运用夸张的曲线造型，但是却丝毫不影响它成为整个校园中最为吸睛的焦点。

这座图书馆的未来感、科技感相当强烈，整栋建筑就像来自科幻电影中的星际航站楼。从外表看，它的立面并没有曲线，都是由倾斜的直线构成。建筑入口的主立面朝向校园内的广场，并以35度的角度向外倾斜，透露出一股蓄势待发的动感。建筑外墙采用的是彩色纤维混凝土面板，绝大部分墙体都是白色，只有顶部的两层采用了深灰色，形成色彩上的鲜明对比。顶层的深灰色部分向广场方向悬挑了16米之

阳光下的图书馆

多，夸张的悬挑不仅给人以视觉震撼，而且使得图书馆的主入口清晰可辨，同时还在主入口上方形成了天然的巨大雨篷。宽宽窄窄的纤维混凝土面板形成一组组井井有条、韵律优美的线条，通过转角处曲线的连接过渡自由游走于水平与倾斜的方向之间，赋予建筑立面一种线条流畅、连续起伏的动态美感。

图书馆的室内则全部采用纯净的白色，空间语言上延续了建筑外部的倾斜动感。室内也运用了平行的线条，或水平或倾斜，在照明的亮线勾勒下，方向感愈发清晰明朗。不过和室外不同的是，室内空间出现了一些流动的曲线。建筑平面被划分成五个部分，共同围绕着一个带有采光天窗的巨大中庭；各部分之间有连桥和走道，宽阔而舒缓的坡道从底层入口处一直延伸到二层的图书阅览室。首层室内的广场形成一处学生们可以自由交流的场所，而这个宽敞的开放空间则一直向上延伸到了所有的楼层。行走在这里，总给人一种进入了未来世界的梦幻之感，仿佛漫步在神秘太空中的

中庭空间

入口门厅

从二层看中庭

星际空间站……那个顶层悬挑的部分，是整座图书馆中的景观最佳之处——两层通高的倾斜落地玻璃窗，将普拉特公园的壮观景色完美地纳入了宽广的视野！坐在宽敞明亮的窗前，学习之余可以眺望窗外美景，这是多么令人神清气爽的体验啊！

这栋大楼共六层，28000平方米的建筑内部空间中除了图书馆，还包含了礼堂、教室、办公室、职业中心、信息服务、书店、休息室和咖啡厅等其他服务设施。在这里，学生们除了读书学习，还可以获得从入学注册到毕业典礼、就业指导的全面服务。前卫的形象、舒适的空间和综合的功能，令这座图书馆成为了校园中最受欢迎的一栋明星建筑物。

室内空间

室内空间

顶层的悬挑空间

通往二层的楼梯

外立面细部

② 行政中心楼与 3 号楼（Administration & D3）——阳光下起舞的橙色旋律

建 筑 师：CRAB Studio

建筑面积：20000平方米

这组教学楼临近校园的西侧入口，是整个校园中颜色最为鲜艳的一栋建筑；它身披从浅黄色向深橙色渐变的明亮色彩，令人一眼看去就如沐暖阳、心生愉悦，纵使之前心头笼罩着惨淡的阴云，也会被那艳阳般的色泽驱散得无影无踪。

这组自西向东蜿蜒的建筑长度大约200米，由一栋法律系馆和一栋行政中心共同构成，两栋建筑之间自然围合出一个广场，其中南侧的法律系大楼毗邻普拉特公园。建筑均为三至四层，底层有不少局部架空并形成多个南北贯通的通道，让南侧公园的迷人景观可以渗透进入校园。建筑平面设计得自由而不规则，有很多“卷曲”或“包围”的空间形状，形成一系列形态生动且感觉舒适的小空间，吸引人在此停留、思考和交流。建

建筑外观

把公园景色引入建筑内部的通道

景观平台上的采光天窗

筑形体较为复杂，各个楼层均有不同程度的退让，形成高低参差的屋顶露台，最为精彩的是法律系馆南侧那片覆盖在图书馆之上、错落有致的景观平台——自然亲切的木地板和卵石铺砌，郁郁葱葱的花草植物，连接高差的轻盈钢梯，还有造型活泼的采光天窗……这质朴清新、安静宜人的环境为学生们提供了理想的户外休憩场所。

橙黄色系的建筑外墙色彩令人赏心悦目，而室内的色泽则更是丰富多彩、缤纷绚丽。黄色的云朵形吊顶，绿色的柱子，橙色的座椅，蓝色的地板和墙壁，图书馆内玫红色的胶囊屋……这大胆运用的七彩纯色，就好像一串串跳跃的音符，奏响了一支欢快活泼的青春交响曲！

建筑外立面的另一特色是那些几乎布满整个外墙、水平或垂直排布的木条格栅，它们以自在随意的姿态编织出一层富有诗意、饶有趣味的表皮。这些原生态模样、耐久性极佳的冷杉木板呈现出一股原始、质朴的自然之美，它们为室内遮挡阳光、提供防晒保护，同时也与普拉特公园内茂盛的树木形成材质上的呼应。

建筑的主设计师彼得·库克（Peter Cook，1936—　）曾经说，设计之初，他们就在思考什么才是大学生活的本质，他们希望创造出一处能让使用者愿意停留于此、直到夜晚都不愿离去的校园场所。事实上他们的确做到了，这组建筑不仅具备活泼亮丽、温暖喜人的外表，而且拥有迷人、丰富的内部空间，成为了学生们课上课下都喜爱流连的一处精神家园。

立面细部

教室室内

室内走廊

③ 教学中心与1号楼（Teaching Center & D1）——培养好奇心与想象力的学习空间

建 筑 师：BUS architektur

建筑面积：32500平方米

这栋教学中心楼是整个校园中我最喜欢的一栋建筑，因为它不仅具有豪放不羁的外表，还蕴含着复杂多变、引人入胜的室内空间。它坐落于图书馆西侧，是整个校园中最为庞大的一座建筑，可以同时容纳5000人。建筑的表皮几乎全部被赭红色的耐候锈钢板所覆盖，正立面上裂缝一般展开的玻璃采光窗带好似一道闪电，一下就击中了人们的视觉焦点；入口左右两侧通往二层的室外楼梯一宽一窄，如同一对不对称的螃蟹钳，它们既是景观元素对建筑的渗透，也是室内空间向室外的延伸；巨大而夸张的室外逃生梯通体由灰色的钢结构和钢板网构成，不仅具备重要的疏散功能，同时也是立面上的装饰元素，与铁锈红色的钢板形成材质和色彩上的对比。整个建筑外观给人一种阳刚有力、硬朗生猛的印象，室外和室内几乎没有一处平直的线条，颇有解构主义的“惊世骇俗”之感。起初我看这风格以为是蓝天组的作品，后来才知道是出自维也纳本土的BUS事务所之手，也就是为整个校园完成总体规划和景观设计的那家公司。

从主入口进入后是宽敞明亮的门厅，右手边上便是一个设施先进、可容纳650人的礼堂，它空间高大，深深插入建筑首层，入口为下沉式。礼堂的内部也采用了铁锈红颜色的钢板，与室外的材料相呼应。主入口前方正对的是三个并列的大阶梯教室，每个教室均可容纳180人。在门厅中，特别引人注意的是左右两侧形状不规则、采用木材饰面的宽阔楼梯，它们舒适地沐浴在从“裂缝”玻璃窗带透射进来的温暖阳光之中，吸引着人们在此驻足、交流；同时，它们以无拘无束的洒脱姿态继续向上面的空间攀升、延展。

上面几层不同高度的平台是学生们学习的开敞空间，还有一个咖啡厅，这些开放的公共区域与门厅一起形成共享空间，自由的布局和顶部倾斜造型的天花给人以不

建筑外观

入口左侧的室外楼梯

建筑入口

建筑正门前的景观

建筑首层平面图

入口门厅

拘一格、生动活泼之感。建筑内的吸声设计做得十分到位，因此虽然这个开放区域格外宽阔，但你并不会听到多少喧哗。你可以沿着踏步一直向上走，上面是些相对私密和封闭的学习空间；曲折的楼梯形态变化多端，而且透过外面的玻璃幕墙，可以感受到步移景异的室外景观，整个行走过程给人一种新奇有趣、探索未知的振奋之感。

如果从入口门厅向左走，在穿过一段走廊和坡道后则会到达一个可以容纳600多人同时就餐的门萨餐厅。这个餐厅的装修非常酷，地面和桌椅都是木色，吊顶和柱子都是黑色；顶部有几个明亮的圆形采光天窗，将自然光线引入室内；四周的墙面则采用绿色植物的装饰图案，令素淡的室内顿时充满生机。这个餐厅的屋顶上面是一个漂亮的露天花园，从建筑主入口左侧的室外大楼梯可以到达。此外，这栋建筑内还有一部分教学和办公空间，为国际贸易系所使用。

除图书馆外，教学中心是校园中唯一一栋公共性较强的建筑，它是一个综合的学习平台，每天都有大量的学生带着不同的目的出入这里——他们有的专门来礼堂听演讲，有的到学习区域来上自习，有的赶赴二层的咖啡厅约见朋友，还有的前往餐厅就餐。在整栋建筑中，公共交通空间的设计是最为精彩的，它好像一个动态的舞台，给人们提供了三维的路径选择，那种自由流畅、没有边界、充满变幻的空间表达令人感到愉悦而兴奋；在这样的学习环境之中，你的好奇心很容易得到鼓舞，你的想象力也一定会被激发！

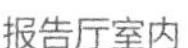
报告厅室内

二层的阅读空间

餐厅室内

建筑主体、室外逃生梯及车库出入口

建筑主体、室外逃生梯及车库出入口

④ 学生中心与 2 号楼（Student Center & D2）—— 校园中最“中规中矩”的一栋楼

建 筑 师：The studio of Hitoshi Abe

建筑面积：23000平方米

这组教学楼位于教学中心的正对面，是一个由两座狭长建筑组成的综合体，由日本建筑师阿部仁史（Hitoshi Abe，1962—　）设计。在这个设计风格激进前卫的校园中，这栋建筑看上去算是最为保守的一个了。它的立面由宽宽窄窄的白色和深灰色的竖向条块按照一定的规律排布而成，其中深色的玻璃窗隐含在深灰色的墙面色块中并与之融为一体；四层平面每一层都有些凹里凸外的细微变化，于是在立面上形成波浪一般优雅起伏的曲线。据说它的设计灵感来自一种叫作“拿破仑蛋糕”的法国甜点，那深浅材质的对比以及层层叠叠的感觉倒确实与之颇为神似。在提供私密领域感和宽广动态视角的同时，这栋建筑物也给人以亲密和通透的印象。立面的设计极富节奏与韵律感，中规中矩之外又有着微妙灵动的变化，那种隐忍克制、大方得体的现代感与日本建筑一贯给人的印象十分契合。

这组建筑设计的初衷就是要促进各个学术部门之间的积极互动与灵活渗透，因此才形成了这色块交叠、体量细长的两栋大楼。它们之间自然形成的缝隙不仅为建筑内部提供了更多的日照，同时也形成一些可供人们交流的室外弹性空间。建筑内部的

建筑细部

两栋建筑之间的空隙

入口门厅

走道宽窄不一，采用了稍有变化的曲线，与建筑的外立面暗暗应和。室内有多个阳光充足的共享中庭，它们不仅是交通空间，也是师生们交流互动的理想场所。

在学生中心的区域内，有一个包含三个体育馆的体育中心、一个公共日托中心和奥地利学生会办公室；在D2系馆区域，则设有五个系的办公用房以及研究中心、图书馆和超市。大部分的研讨室和专题室都设在一层，以便更好地促进师生之间的交流。其中首层的房间窗户高度变化多端，形成一个个生动有趣的“取景框”。此外，建筑内部还设有书店和一家酒吧风格的餐厅，室外则设有大量的木质露天座椅，创造出深受师生欢迎的户外交流空间。

首层教室的“取景框”

建筑外观及户外交流空间

起伏的立面

⑤ 4 号楼（D4）——“俄罗斯方块”一般的立面游戏

建 筑 师：Estudio Carme Pinós S.L.

建筑面积：16000平方米

这栋教学楼是一座狭长并且分叉的建筑，平面呈Y字形，由来自西班牙巴塞罗那的一家事务所设计而成。它的立面相当新颖别致，俄罗斯方块一般互相叠落的深色外窗令人印象颇为深刻。白色的墙面与深色的窗户形成音乐般美妙的韵律感，这一点与日本建筑师设计的学生中心有着异曲同工之妙。

此建筑最具特色的莫过于它那魔幻的立面，矩形的窗洞以多种不同方式组合在一起并且连成一片，以至于从外表看，你根本判断不出建筑内部到底有几层（实际是五层）；在白色墙面的对比之下，深色窗洞形成了极富几何美感的构图。每扇窗户外面都有可折叠的深灰色百叶窗，它们不仅可以起到遮阳的作用，其或开或合的姿态还给立面带来了丰富的表情。同时，另一部分立面采用了深灰色的涂料和钢丝网，它们形成的深灰色体块与白色体块穿插在一起，加强了建筑的体积感，也使立面造型更加生动有趣。

建筑的平面看似随意散漫，实则有着理性的思考——建筑Y字形的交叉点正是建筑的主入口，底层的局部架空形成了缓冲的入口前广场；建筑的主要交通核也被安排在这个中心焦点处，平面功能从这里依次展开分支。入口区域不仅是进入大楼首层的咖啡厅和图书馆的主要枢纽，同时也是三个不同部门的前厅和通向上层空间的核心。建筑首层还设有研讨室、专题室和一些自习空间，用以促进师生之间的交流；上面的四层则是经济系、金融系、统计数据系和五个研究所的办公空间。建筑的室内设计与外立面相呼应，全部采用直线，并形成宽窄变化的走道、额外的功能区域和存储空间。

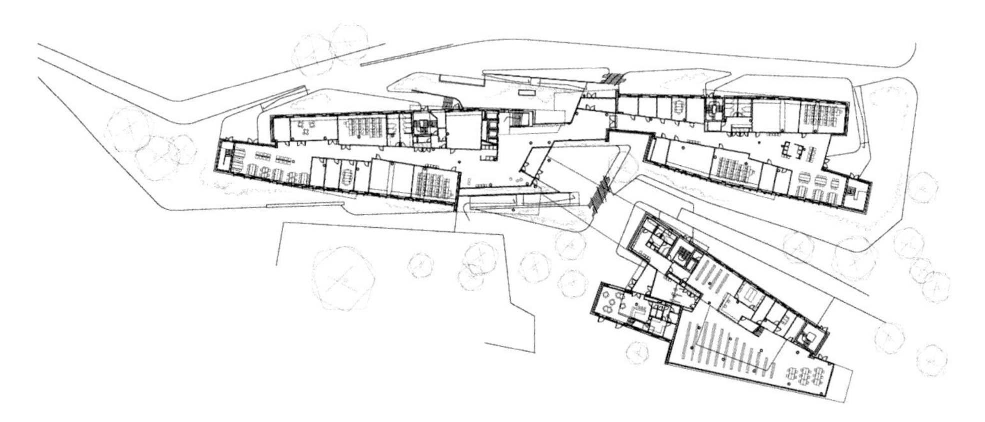

建筑首层平面图

建筑外观

4号楼及楼前的水池景观

立面的韵律

建筑的主入口

首层立面局部

室内楼梯和窗户

⑥ 行政学院（Executive Academy）——校园入口处的“风车楼”

建 筑 师：NO.MAD Arquitectos

建筑面积：6000平方米

行政学院位于校园西侧的主入口处，位置十分显赫。它是一栋面积紧凑的八层塔楼，是由来自西班牙马德里的一家事务所设计而成。

这栋建筑的外立面由玻璃幕墙和深灰黑色铝板两种材质构成，一明一暗，形成强烈反差。其中，它的玻璃十分特别——由于采用的玻璃种类多、透明度各不相同，因此呈现出深浅不一的颜色，不同程度地映射出周围的蓝天白云和花草树木，完美地体现了建筑与环境相融合的设计理念。观其立面，无论是铝板还是玻璃幕墙，都以矩形的格式进行划分，大大小小的窗户看似随机，但实际上则遵循了特定的计算法则，它们的尺寸和位置都直接与人体工程学和不同使用功能的敏感高度密切相关。

建筑的平面好似一个扭动的风车，卫生间和楼梯间被布置在核心，其他房间则围绕它们展开布置。低层和高层的不同平面形状构成了建筑体块上的错动，表现为悬挑和露台，丰富了建筑的立面造型。建筑内设有不同的功能分区，其中二至五层为开放式办公室，六层、七层为行政学院的教室和自习区。建筑首层有一个两层通高、宽敞高大的多功能厅，面向校园的一面全部为玻璃幕墙，可以将校园美景完全纳入眼中；多功能厅还可以用灵活的隔板进行分隔，适应各种不同活动的需求。首层还有一个咖啡厅，室外设有充足的户外座位；七层则有一个带屋顶露台的餐厅和酒吧。由于该建筑与城市街道相邻，因此这些餐饮功能都是面对社会公众开放的。在顶层露台，人们可以从这里远眺维也纳市区中心和附近普拉特公园的壮丽景色。

建筑的室内设计也简洁而纯粹，体现了朴素简约的设计风格。抛光的混凝土地板、原始的混凝土墙面和顶板显示出极强的个性，地面颜色的变化只出现在特定的区域，例如绿色为行政办公区，紫色为教学区。顶部照明采用的几何造型灯具是用浅灰色铝板制成，与外立面的深灰黑色铝板元素形成对照；核心筒墙面上采用的镜面削弱

不同角度的建筑外观

了交通核空间的存在感，扩大了室内空间，同时也与外墙上的玻璃元素相呼应。整栋建筑的室内设计都显示出了与外部相一致的单一材料设计理念。

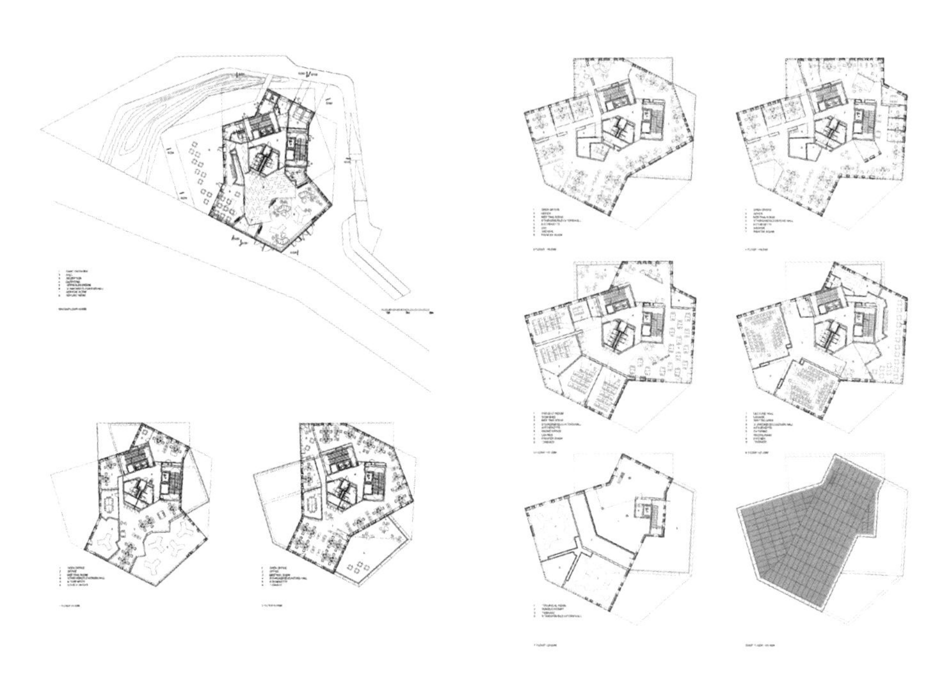

风车状的建筑各层平面图

首层入口大门

首层门厅内部

多功能厅室内

从多功能厅内看校园风光

⑦ 5号楼（D5）——表皮材质多样化的综合体

建 筑 师：Holzer Kobler Architekturen Berlin GmbH and Freimüller Söllinger Architektur ZT GmbH

建筑面积：10500平方米

5号楼是一个七层高度的综合体，它地处校园入口位置，毗邻展览馆大街（Messestrasse），同时位于行政学院的对面。这组建筑是由一家来自德国柏林的事务所和一家维也纳当地的事务所联合设计的。

这组建筑由三部分组成，它们通过几何形状构成一个逻辑的整体，但在设计和功能上也独立存在。其中两部分是上层连接成整体的L形平面，主要是办公、礼堂和会议室的功能；另一个部分则是完全独立的学生宿舍楼。L形的办公楼二层被奥地利科学院租借给了维也纳人口研究所，三层则被维也纳经济管理大学的人口统计小组所使用，四至六层是学校战略与创新部门的办公室。

不同角度的建筑外观

不同角度的建筑外观

办公楼采用的是深灰、浅灰的铝板和蓝色玻璃幕墙，外墙和外窗完全处于一个垂直面上，形成干净利索、一马平川的整洁效果；而学生宿舍楼则运用了鲜艳的红色涂料墙面、银灰色瓦楞铝板，还有出挑的阳台和围护的金属格栅，丰富的色彩和质感令人几乎有些目不暇接。不过，这两个建筑外立面虽然一实一虚，而且色彩和材质也都完全不同，但却同样拥有雕塑一般刀砍斧斫的体积感，骨子里透露出一股血缘般的相似与亲近，可谓形异魂同，因此看上去竟然相当和谐。建筑的缝隙之间还设计有亲切生动的室外景观，营造出饶有趣味、引人驻留的室外空间。

外墙肌理

建筑局部

14. 沃特鲁巴教堂（Wotrubakirche）——粗野主义的混凝土雕塑

建 筑 师：弗里茨·沃特鲁巴（Fritz Wotruba），弗里茨·G. 梅尔（Fritz Gerhard Mayr）

建造年代：1965—1976

地　　址：Ottillingerpl. 1，1230 Wien

电　　话：+43 1 8886147

温馨提示：开放时间周六14:00—20:00，周日和节日9:00—16:30，周一至周五不开放

作为一名建筑师，我参观过不少教堂，包括古典的和现代的，而位于维也纳西南郊区山脚下的沃特鲁巴教堂可以说是风格最为与众不同的一座，它雕塑一般粗犷奔放的形象给我留下了不可磨灭的深刻印象。沃特鲁巴教堂也叫作最神圣的三位一体教堂（Zur Heiligsten Dreifaltigkeit），位置距离市区比较远（位于第二十三区）；它毗邻维也纳森林，需要先乘坐地铁再转公交，然后还要步行一刻钟才能抵达。

这个项目最初是由玛格丽特（Margarethe Ottillinger，1919—1992）博士于1964年发起的，她希望树立起一座令人惊叹的独特建筑，来拯救宗教信仰正在衰落的人们。奥地利著名的雕塑家沃特鲁巴（1907—1975）提出了大胆新颖的设计方案——一组叠摞在一起的混凝土块！他想要用他的设计来说明“贫穷并不代表着丑陋，简单而美丽的环境可以让人感到快乐”。他把自己的设计做成模型，并找到建筑师弗里茨·G. 梅尔（1931—　）合作，请他提供技术上的支持。遗憾的是，由于沃特鲁巴设计的特殊性，工程进展十分缓慢，沃特鲁巴有生之年没能看到自己的作品落成。在建筑师梅尔的主持下，这座教堂终于在1976年竣工，此时距离沃特鲁巴过世已经相去一年。

不同角度的建筑外观

沃特鲁巴教堂位于一个小山坡上，远远映入眼帘的是一组巨大的混凝土石块，它们纵横交错、杂乱无章地矗立在一片绿油油的草坪之上，令人感到十分震撼。如果不知道这个教堂的人，很可能会把它们当作一组很酷的现代抽象雕塑。建筑由152块大小不等的混凝土块组成，最小的体积为0.84立方米、重1.84吨，最大的则为64立方米、重达141吨。它们以“随意”“混乱”的姿态“野蛮”地生长在一起，彼此相互堆叠，建筑既没有对称性也没有主立面，但却构成了一个和而不同的整体。混凝土块儿之间的空隙自然形成了窗户，它们高度和宽窄不一，光线透过玻璃被引入教堂室内。从室外看，建筑的每个角度都风貌各异；在阳光的照耀下，每个面都表现出不同的光影，体现着混凝土的冷酷与阳刚之美。石块上那些斑斑驳驳的黑色水渍，是时光给它刻下的印痕，无声地道出了岁月的沧桑。这座青青山坡上的教堂四周有着美丽开阔的视野，其粗犷不羁的外观与周边宁静柔美的环境形成了强烈对比。

教堂入口

教堂的木制模型（作者摄于Mumok博物馆内的展览）

山坡下增设的玻璃电梯

教堂外面有一个后来增设的垂直交通，为了不破坏景观，做成了完全透明的玻璃电梯。这主要是由于教堂地处山坡之上，为照顾那些身体不便的老人，让他们可以从低处的半地下室乘电梯上来，也算是一种人性化的关怀吧。

走进室内，你可以更清晰地观察到那些高低错落的混凝土块儿之间错综复杂的关系——它们彼此搭接、倚靠、支撑、垂挂；你可以看到它们怎样从窗户“鲁莽”地横穿而出、“任性”地延伸到室外空间……屋顶是一大块平整的混凝土板，祭坛是灰白色的人造大理石材质，天花板上的灯则由青铜制成。在圣坛后面的墙上，悬挂着一个巨大的青铜十字架，它也是由沃特鲁巴设计的。教堂内部没有任何多余的装饰，这也是沃特鲁巴设计时的本意，他甚至说连墙上不准挂任何图片。教堂里面除了混凝土的墙壁和屋顶，就是透明的玻璃窗。阳光从细窄的玻璃窗洒进来，形成神秘变幻的光影。那静谧的一刻，你能感受到这个空间的纯粹与神圣。这是一个唯有雕塑家才能创作出来的教堂，建筑师绝不会有这样奇葩的设计思路。总之，这座将雕塑艺术融入建筑建造方法中的教堂会让你感受到巨大的心灵震撼，你一定会惊叹于奥地利人那伟大的艺术创造力。

教堂室内

伸出窗外的混凝土梁

圣坛与座席

需要提醒的是，这座教堂只在周末开放，平日基本关闭，需要看教堂网站上的日历，有特殊活动时才会在非周末对外开放。我当时因为计划到此的时间正好不逢周末，所以就给网站的人发了封电子邮件，抱着试试看的心态寻求他们的帮助。很快，我收到一位叫克丽丝托（Christl）的女士给我的热情回信，她问我什么时间方便，她可以专门为我打开教堂的门。于是我们约好了一个具体时间在教堂门口碰面，临行前两天她还又发信来和我确认时间。那天克丽丝托准时如约而至，她比我想象中要年长，为人和蔼可亲、开朗热情。她开门带我进入教堂内部，并如数家珍般给我详细介绍了这座她了如指掌的教堂。

我特别感谢克丽丝托专程为我这位中国客人提供的服务（她的服务免费，但临走前要给教堂留下一点捐款，多少随意），因为建筑是空间的艺术，空间体验极为重要，如果参观一栋房子却不能进入室内，那就好比是隔靴搔痒。从克丽丝托身上，我也看到了维也纳人民的热情好客与真诚友善，他们热爱着自己的家园，也非常愿意和外国游客分享他们引以为傲的每一处精彩。

我与克丽丝托的合影

附录

图片来源

页码	图片名称及来源
xii	• 维也纳的 23 个行政分区示意图 https://www.zhihu.com/question/19966097/answer/309935782
6	• 国家歌剧院平面图 https://www.theatre-architecture.eu/en/db/?theatreId=334
17	• 维也纳音乐厅的剖面图 https://konzerthaus.at
40	• 西贝尔管风琴 https://www.wien.info/en/sightseeing/sights/from-l-to-r/st-michaels-church
54	• 萨拉 • 泰雷纳音乐厅 https://mozarthaus.at/zh-hans/sala-terrena
173	• 1926 年的音乐商店 https://www.doblinger.at/en/Home/About-us.htm
185	• 当年的博物馆立面设计图纸 https://www.mak.at/en/the_mak/history
186	• 令人震撼的中庭 https://www.mak.at/en/visit/information
204	• 1902 年第十四届分离派展览会上的分离派成员合影 https://www.secession.at/en
211	• 室内展览的售票厅 https://www.wienmuseum.at/en/locations/otto-wagner-hofpavillon-hietzing
218	• 缪斯楼与马略尔卡楼的平面图 http://www.greatbuildings.com/buildings/Majolica_House.html
219	• 德布勒—纽斯蒂夫特大街公寓住宅楼 https://de.wikipedia.org/wiki/Datei:Neustiftgasse_40_Otto_Wagner.jpg
221	• 1897 年的安克尔大楼 http://www.austriasites.com/vienna/assets
222	• 顶层的阁楼 https://www.visitingvienna.com/footsteps/ankerhaus
230	• 原蜡烛店室内 http://www.hollein.com/eng/Projekte/Retti
232	• 室内轴测图 http://www.hollein.com/eng/Projekte/Schullin-I
234	• 珠宝店室内 http://www.hollein.com/eng/Projekte/Schullin-II
239	• 虚幻的室内空间 https://cargocollective.com/adolfloos/House-on-Michalerplatz
239	• 首层平面图、首层门厅中的大楼梯 http://chambres-hotes-morin-salome.fr/Mod-Loos-1913.html
239	• 二层公共空间 https://www.meinbezirk.at/event/innere-stadt/c-ausstellung
241	• 酒吧室内 https://www.loosbar.at/gallery
244	• 住宅剖面及平面图 http://cargocollective.com/adolfloos/Steiner-House
246	• 平剖面图及室内 https://areeweb.polito.it/didattica/01CMD/catalog/021/1/html/028.htm
248	• 住宅各层平面图、住宅剖面图 http://www.atlasofinteriors.polimi.it/2014/03/19
250	• 建筑剖面图 https://cargocollective.com/adolfloos/Muller-House-Czech-Rupublic

页码	图片名称及来源
251	• 建筑各层平面 http://www.atlasofinteriors.polimi.it/2014/03/19/adolf-loos-villa-moller-vienna-austria-1927
256	• 卡尔 · 马克思大院鸟瞰图 https://fineartamerica.com/featured/karl-marx-hof-vienna-xavier-durn.html
256	• 典型住宅平面图 http://hiddenarchitecture.net/red-vienna-i-karl-marx-hof
258	• MQ 平面布局总图 https://www.mqvfw.com/information
270	• 嵌入历史中心区城市肌理的哈斯商厦 http://www.hollein.com/eng/Architecture/Nations/Austria
270	• 原来五层通高的中庭、大师绘制的设计草图 http://www.hollein.com/eng/Architecture/Nations/Austria
272	• 商场与周边街区首层平面图 https://afasiaarchzine.com/2015/04/david-chipperfield-architects_25
279	• 走廊 https://www.albertina.at/en/visit/insights
284	• 剖面图、夜景 https://www.architectour.net/opere
284	• 室内 https://www.archdaily.cn/cn/906306
296	• 平面图、剖面图 https://www.zaha-hadid.com/architecture/spittelau-viaducts-housing-project
301	• 媒体大楼与原来对面的板楼 http://www.hollein.com/eng/Projekte/Generali-Media-Tower
310	• 平剖面示意图 http://www.zn903.com/cecspoon/lwbt/Case_Studies/Gasometer_City/Gasometer_City.htm
310	• 交通示意图 https://www.researchgate.net/figure/Abbildung-14-Struktur-des-Gasometers-Quelle-wwwgasometerat_fig5_288807758
315	• 首层平面 http://www.coop-himmelblau.at/architecture
318-319	• 面朝庭院的休息厅、剖面图 http://www.coop-himmelblau.at/architecture
321	• 校园总图 https://www.wu.ac.at/
323	• 校园鸟瞰 ttps://www.zaha-hadid.com/architecture/
329	• 顶层的悬挑空间 https://www.zaha-hadid.com/architecture/
336	• 建筑首层平面 https://www.archdaily.com/448181
344	• 建筑首层平面图 http://www.cpinos.com/
348	• 风车状的建筑各层平面图 https://www.archdaily.com/444938

• 其余图片由作者自行拍摄或绘制。

建筑分布图

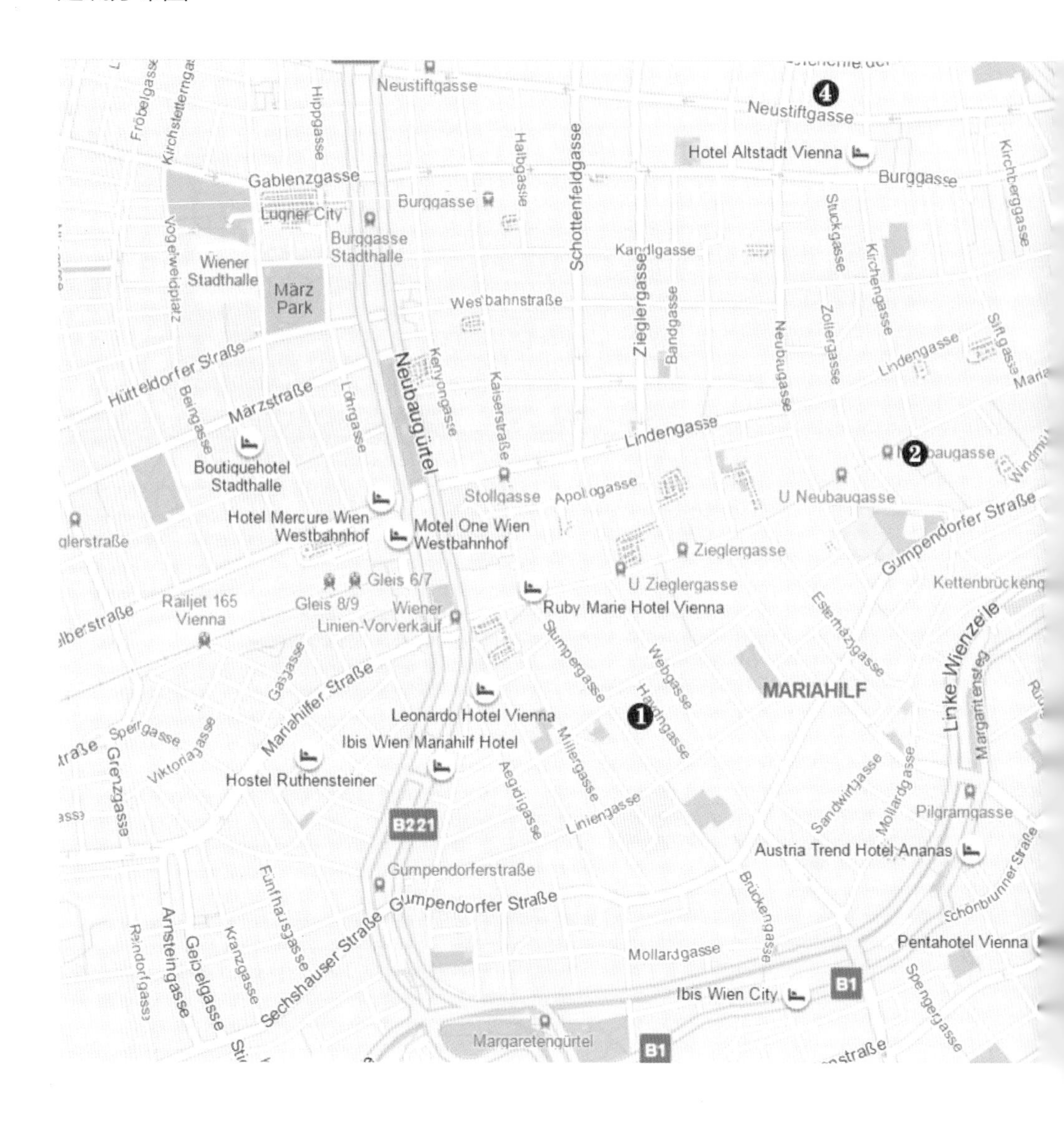

❶ 海顿故居

❷ 海顿雕像

❸ 瓦格纳的缪斯楼和马略尔卡楼

❹ 瓦格纳的德布勒-纽斯蒂夫特大街公寓住宅楼（现代风格）

❺ 维也纳博物馆区

❻ 莫扎特雕像（城堡花园）

❼ 分离派展览馆

❽ 卡尔广场轻轨站亭

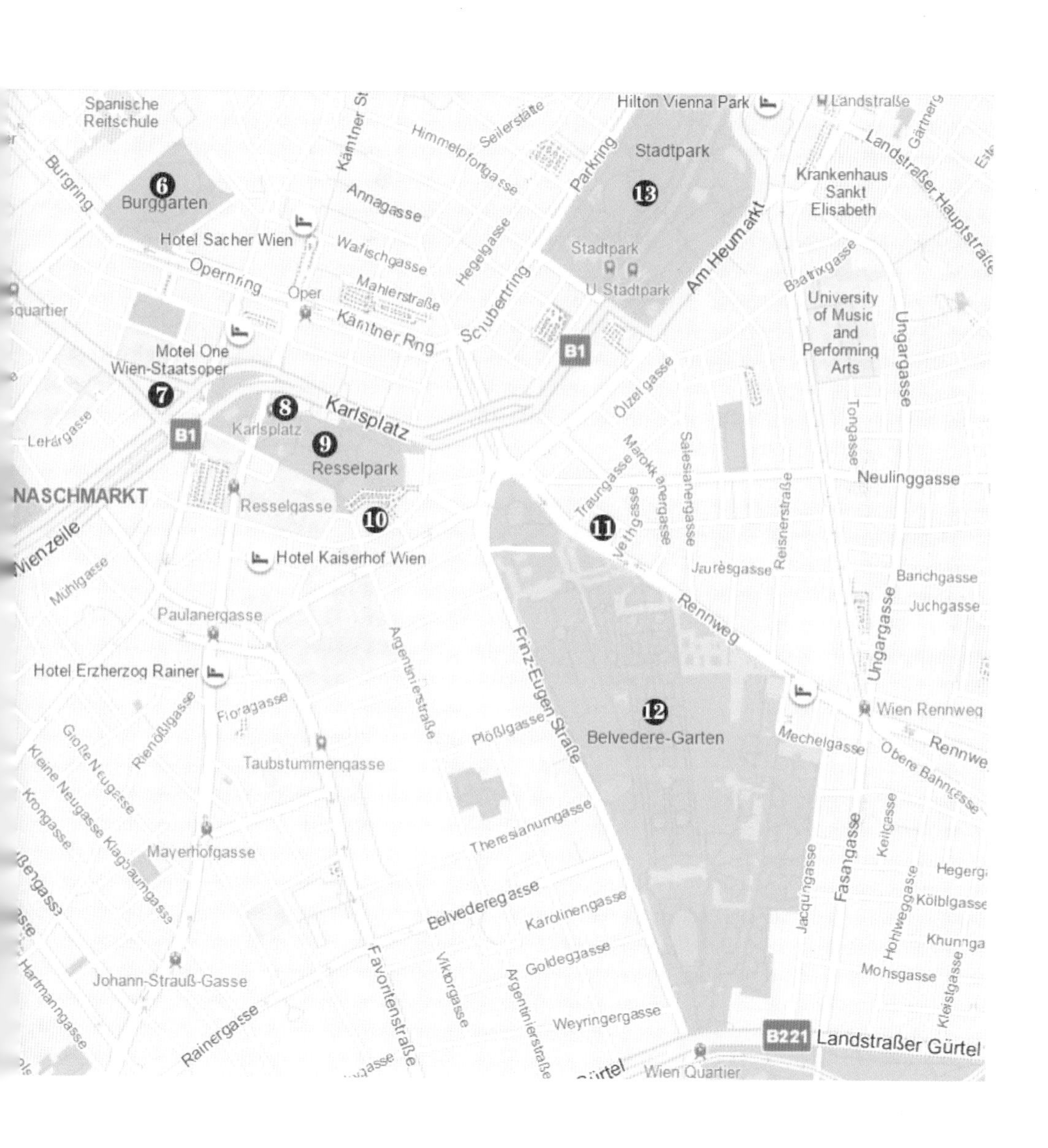

⑨ 勃拉姆斯雕像（雷塞尔公园）

⑩ 卡尔教堂

⑪ 马勒故居

⑫ 美景宫

⑬ 城市公园

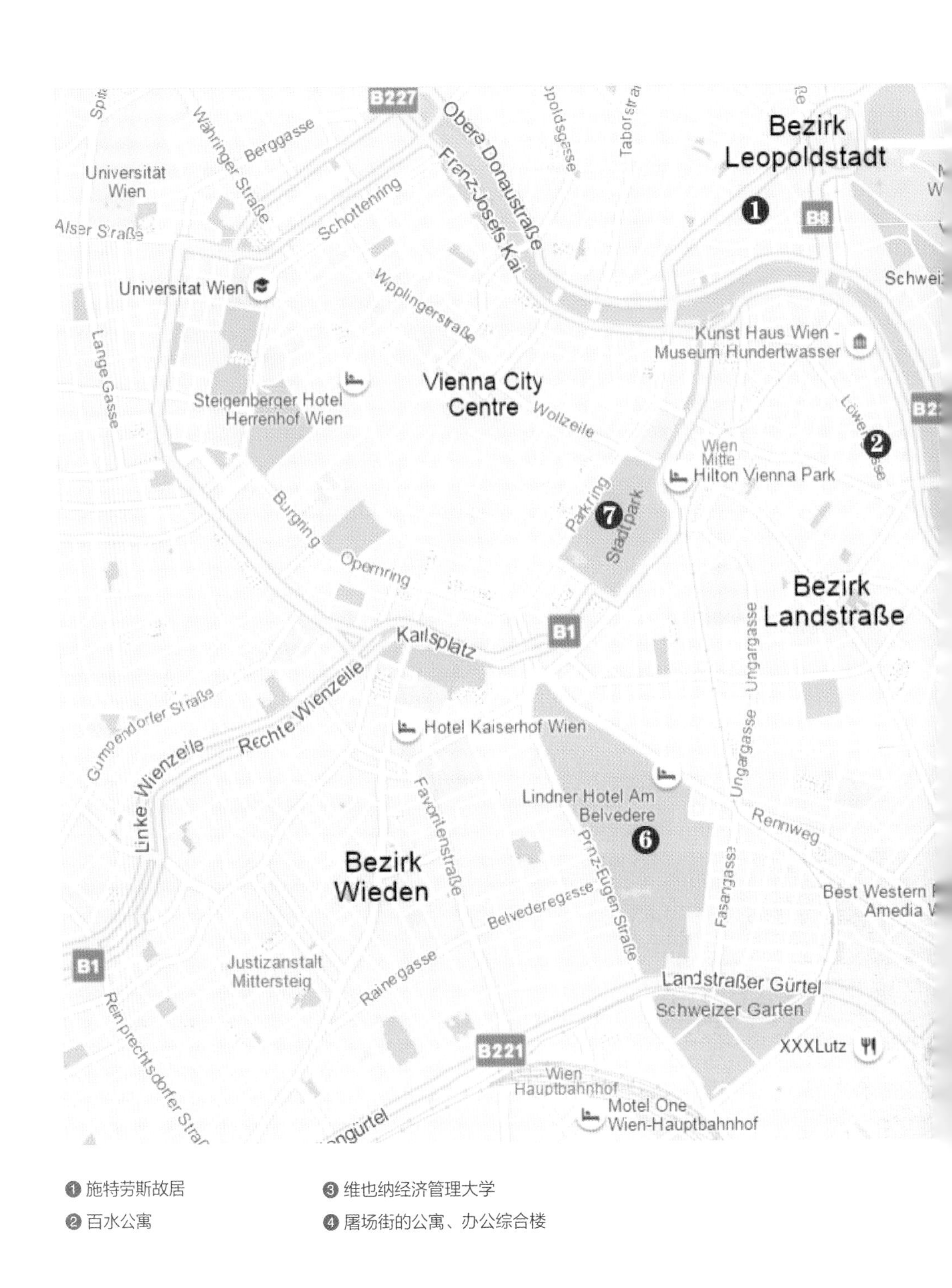

❶ 施特劳斯故居 ❸ 维也纳经济管理大学

❷ 百水公寓 ❹ 屠场街的公寓、办公综合楼

❺ 煤气罐新城

❻ 美景宫

❼ 城市公园

Universität für Bodenkultur
Peter-Jordan Straße
Döblinger Haup
Ellrothstraße
B226
Brigittenauer Lände
Hasenauerstraße
Hotel Park Villa
B221
Spittelauer Lände
Wirtschaftsuniversität Wien
Gentzgasse
Lacknergasse
Bezirk Währing
Bellevue Hotel
Kreuzgasse
Bezirk Alsergrund
Roßauer Lände
Kreuzgasse
Währinger Gürtel
Martinstraße
Vienna General Hospital
Spitalgasse
Währinger Straße
B22
Bezirk Hernals
Berggasse
Universität Wien
Schottenring
B221
Alser Straße
Feldgasse
Universitat Wien
Hablerlgasse
Bezirk Josefstadt
Lange Gasse
Steigenberger Hotel Herrenhof Wien
Lerchenfelder Straße
Strozzigas

❶ 施比特劳垃圾焚烧发电厂

❷ 施比特劳高架公寓楼

❸ 列支敦教区教堂

❹ 舒伯特诞生故居

❺ 瓦格纳住宅

❻ 大学大街12号公寓住宅

❼ 维也纳大学

❽ 贝多芬故居

❾ 中央咖啡馆

❿ 杰纳瑞里媒体大楼

⓫ 维也纳索菲特酒店

⓬ 施特劳斯公寓

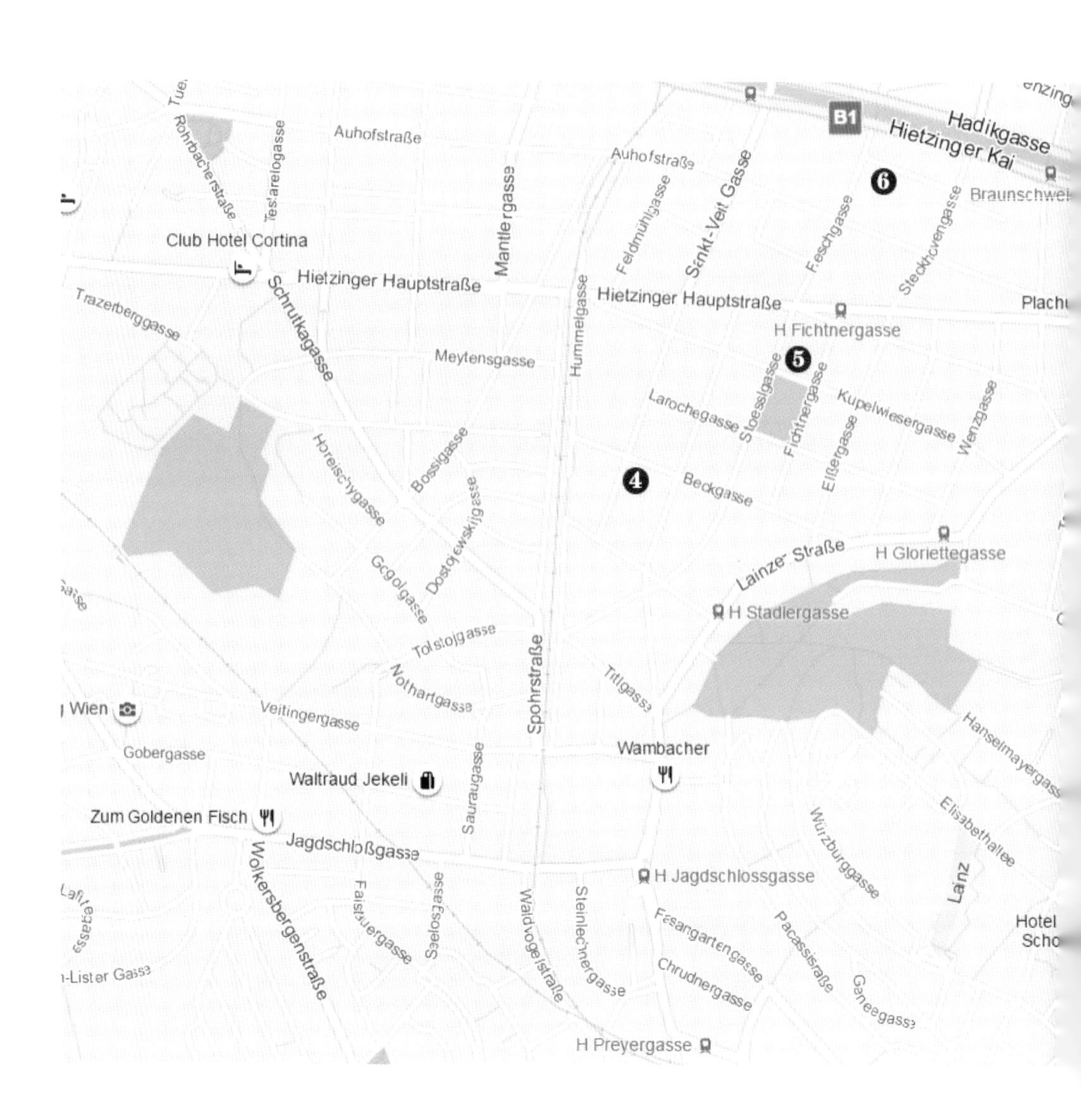

❶ 美泉宫

❷ 席津地铁站的皇家站亭

❸ 多梅尔咖啡屋

❹ 斯坦纳住宅

❺ 施特拉塞尔住宅

❻ 鲁弗尔住宅

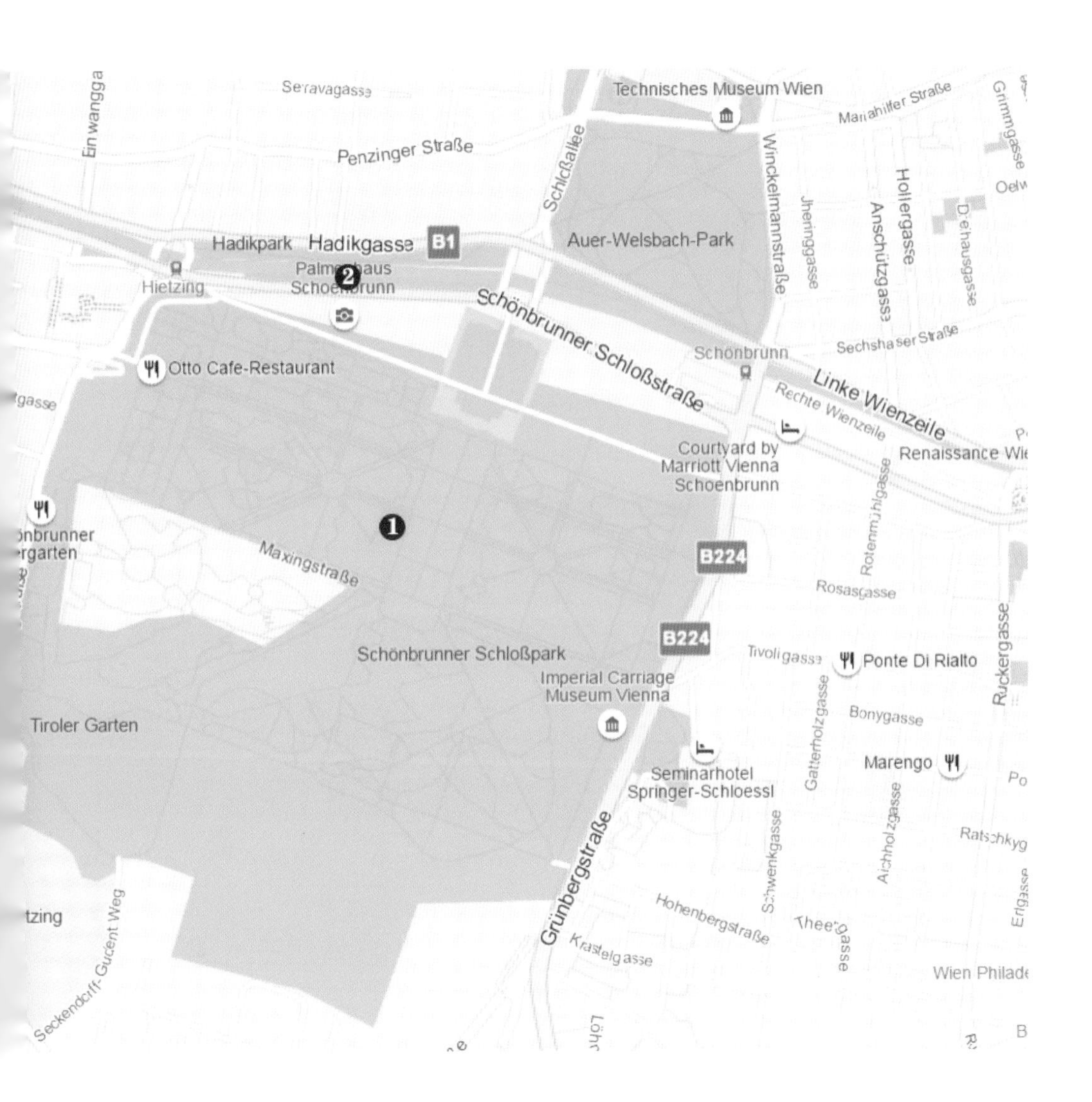
Technisches Museum Wien
Penzinger Straße
Schloßallee
Auer-Welsbach-Park
Winckelmannstraße
Hadikpark
Hadikgasse
B1
Palmenhaus Schoenbrunn
Hietzing
Schönbrunner Schloßstraße
Otto Cafe-Restaurant
Schönbrunn
Sechshauser Straße
Linke Wienzeile
Rechte Wienzeile
Courtyard by Marriott Vienna Schoenbrunn
Renaissance Wi
Maxingstraße
B224
Rosasgasse
Schönbrunner Schloßpark
Tivoligasse
Ponte Di Rialto
Imperial Carriage Museum Vienna
Tiroler Garten
Bonygasse
Marengo
Seminarhotel Springer-Schloessl
Grünbergstraße
Hohenbergstraße
Theergasse
Krastelgasse
Seckendorff-Gudent Weg
Wien Philade

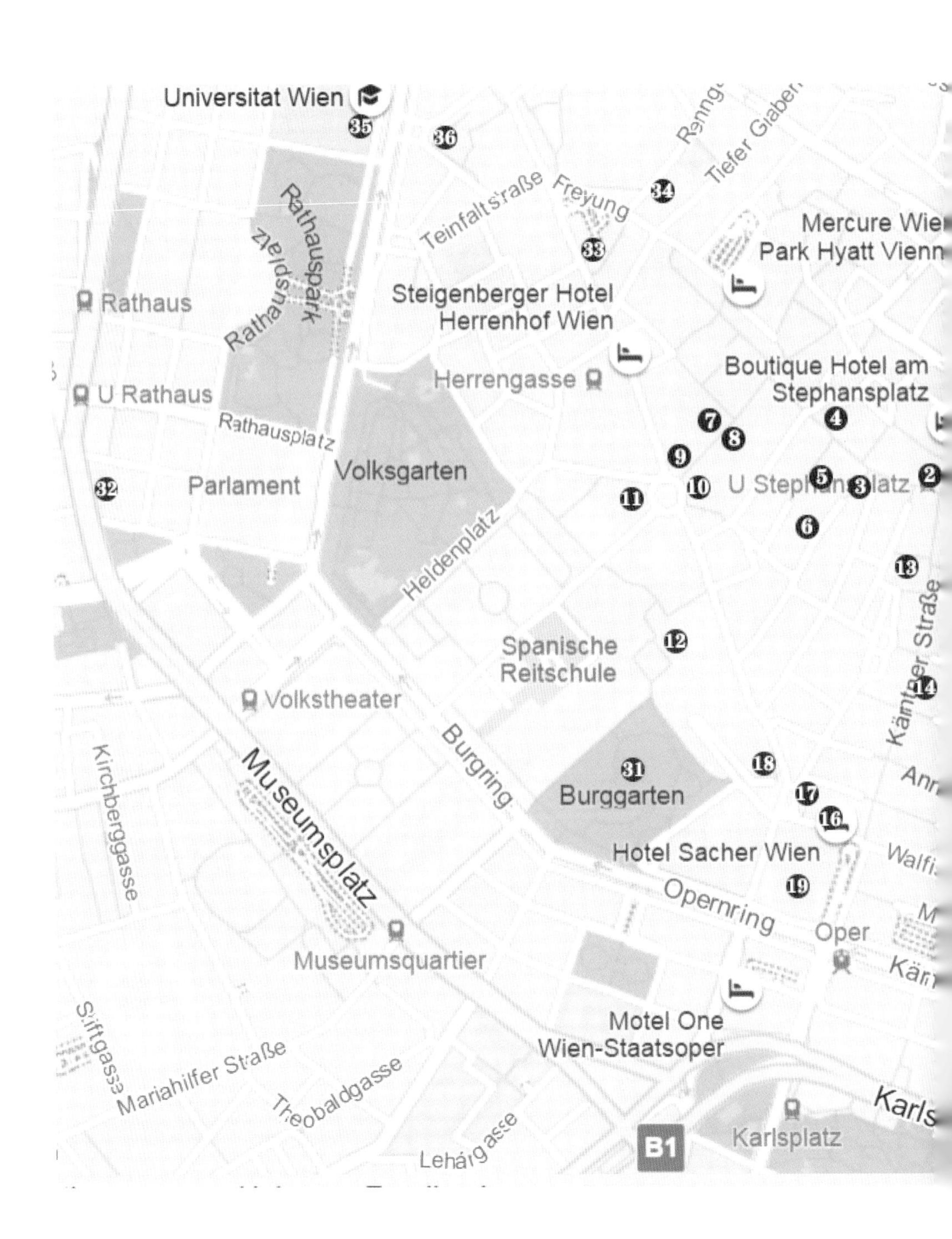
Universitat Wien
Rathauspark
Rathausplatz
Teinfaltstraße
Freyung
Tiefer Graben
Mercure Wien
Park Hyatt Vienna
Rathaus
Steigenberger Hotel
Herrenhof Wien
U Rathaus
Herrengasse
Boutique Hotel am
Stephansplatz
Rathausplatz
Volksgarten
Parlament
U Stephansplatz
Heldenplatz
Spanische
Reitschule
Volkstheater
Burgring
Kirchberggasse
Museumsplatz
Burggarten
Kärntner Straße
Hotel Sacher Wien
Opernring
Oper
Museumsquartier
Motel One
Wien-Staatsoper
Mariahilfer Straße
Theobaldgasse
Lehárgasse
B1
Karlsplatz

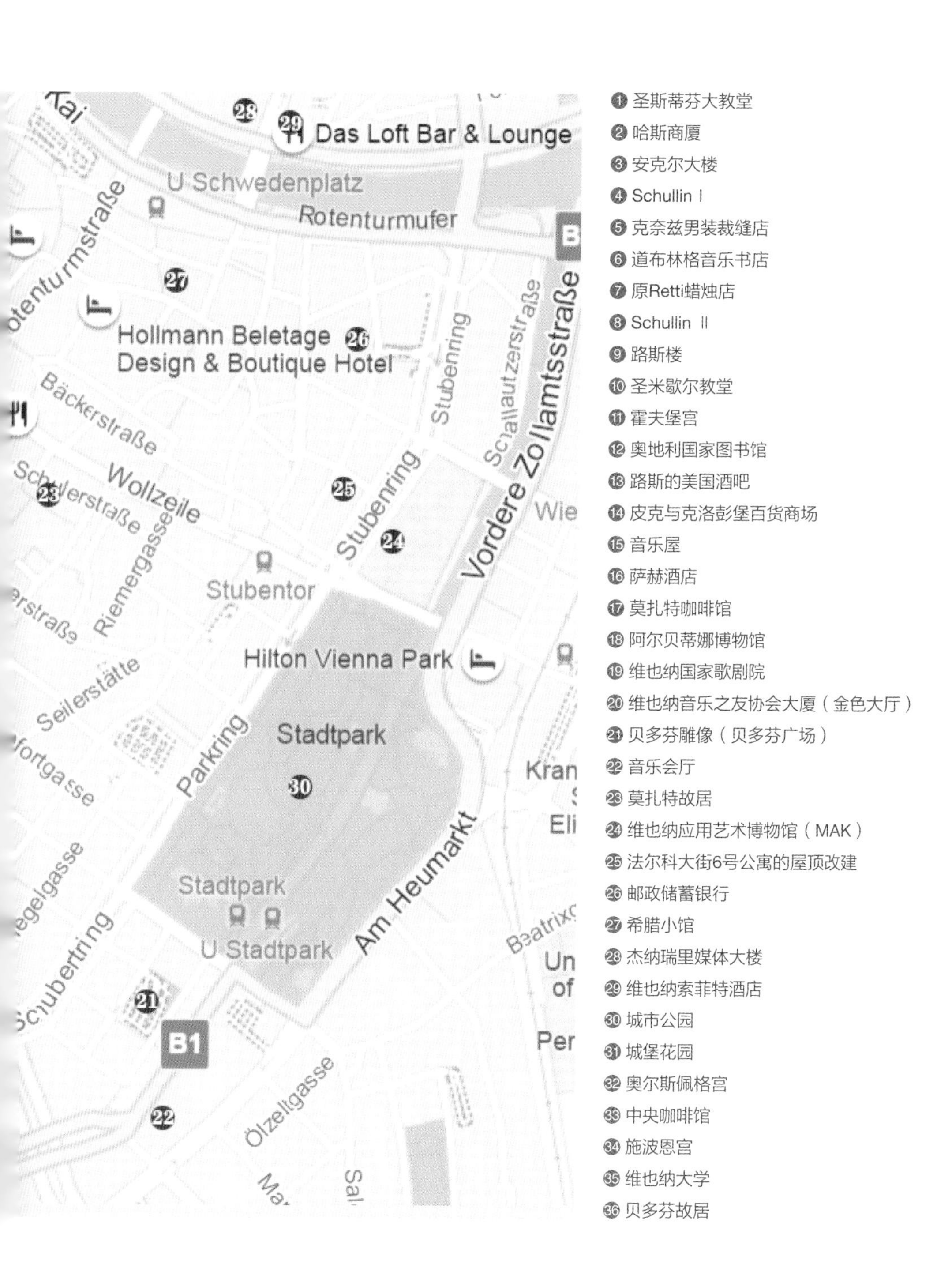

Kai
28
29
Das Loft Bar & Lounge
U Schwedenplatz
Rotenturmufer
otenturmstraße
27
Hollmann Beletage
Design & Boutique Hotel
26
Stubenring
Schallautzerstraße
Vordere Zollamtsstraße
Bäckerstraße
Schulerstraße
23
Wollzeile
25
Stubenring
24
Wie
Riemergasse
Stubentor
Hilton Vienna Park
Seilerstätte
Stadtpark
Parkring
30
Kran
Eli
Am Heumarkt
Stadtpark
U Stadtpark
Schubertring
21
B1
22
Ölzeltgasse
Un
of
Per
❶ 圣斯蒂芬大教堂
❷ 哈斯商厦
❸ 安克尔大楼
❹ Schullin Ⅰ
❺ 克奈兹男装裁缝店
❻ 道布林格音乐书店
❼ 原Retti蜡烛店
❽ Schullin Ⅱ
❾ 路斯楼
❿ 圣米歇尔教堂
⓫ 霍夫堡宫
⓬ 奥地利国家图书馆
⓭ 路斯的美国酒吧
⓮ 皮克与克洛彭堡百货商场
⓯ 音乐屋
⓰ 萨赫酒店
⓱ 莫扎特咖啡馆
⓲ 阿尔贝蒂娜博物馆
⓳ 维也纳国家歌剧院
⓴ 维也纳音乐之友协会大厦（金色大厅）
㉑ 贝多芬雕像（贝多芬广场）
㉒ 音乐会厅
㉓ 莫扎特故居
㉔ 维也纳应用艺术博物馆（MAK）
㉕ 法尔科大街6号公寓的屋顶改建
㉖ 邮政储蓄银行
㉗ 希腊小馆
㉘ 杰纳瑞里媒体大楼
㉙ 维也纳索菲特酒店
㉚ 城市公园
㉛ 城堡花园
㉜ 奥尔斯佩格宫
㉝ 中央咖啡馆
㉞ 施波恩宫
㉟ 维也纳大学
㊱ 贝多芬故居

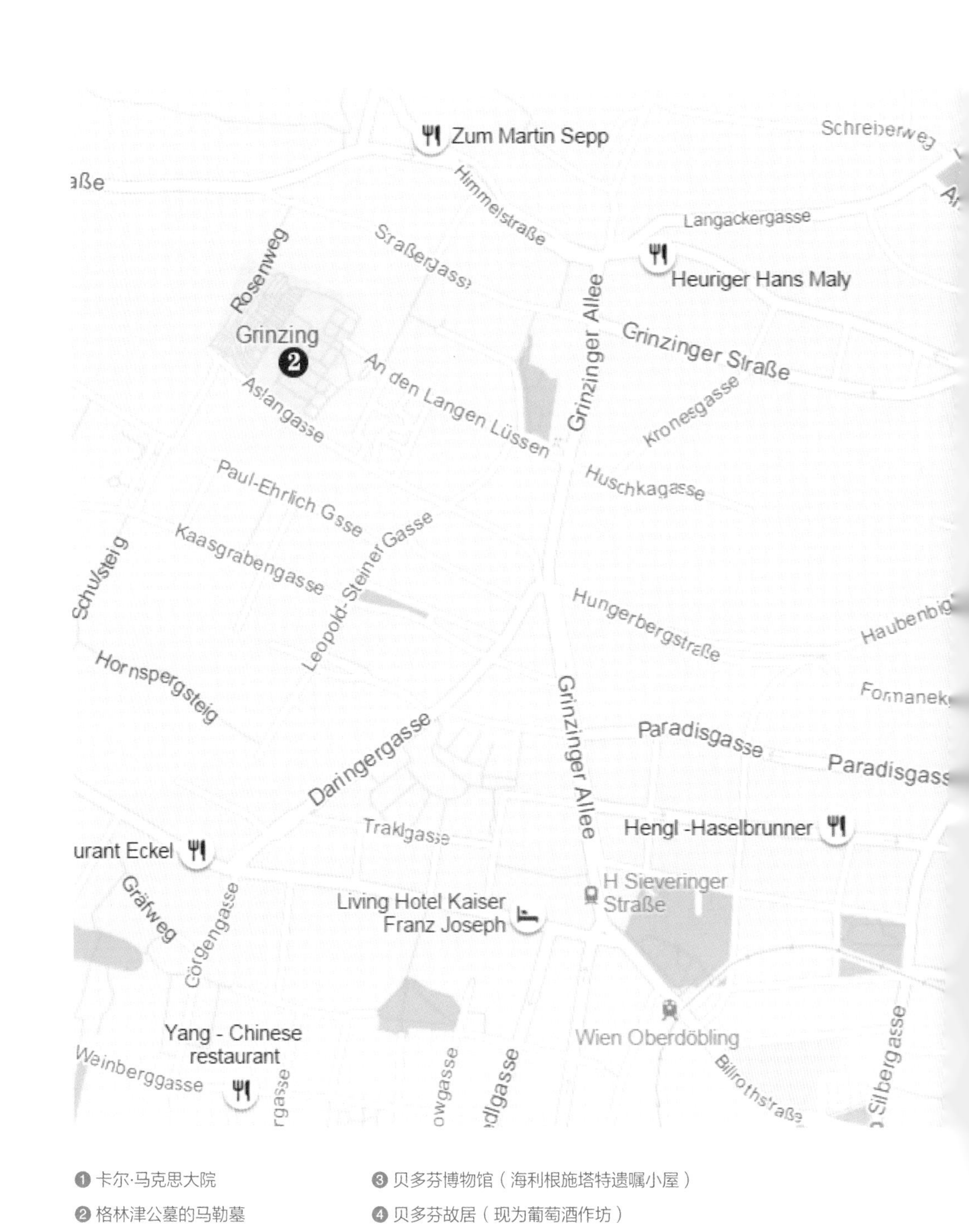

❶ 卡尔·马克思大院

❷ 格林津公墓的马勒墓

❸ 贝多芬博物馆（海利根施塔特遗嘱小屋）

❹ 贝多芬故居（现为葡萄酒作坊）

Kahlenberger Straße
Plachutta Nussdorf
Bernatzikgasse
Armbrustergasse
Steinbüchlweg
Eisenbahnstraße
Handelskai
Mayer am Pfarrplatz
Probusgasse
3
4
Bahnübergan
Grinzinger Straße
Zimmermann Martin
Boschstraße
Kreilplatz
Karl-Marx Hof
B14
Brigittenauer Lände
Athene
Heiligenstädterpark
Eisenbahnstraße
Geweygasse
H Hohe Warte
Heiligenstädter Straße
Nußdorfer Lände
Aussichtsweg
Mooslackergasse
Perntergasse
Wien Heiligenstadt
B227
Hohe Warte
Muthgasse
Klabundgasse
1
Boschstraße
B227
Gallmeyergasse
Ginoldstraße
Barawitzkagasse
Wertheimstein Park

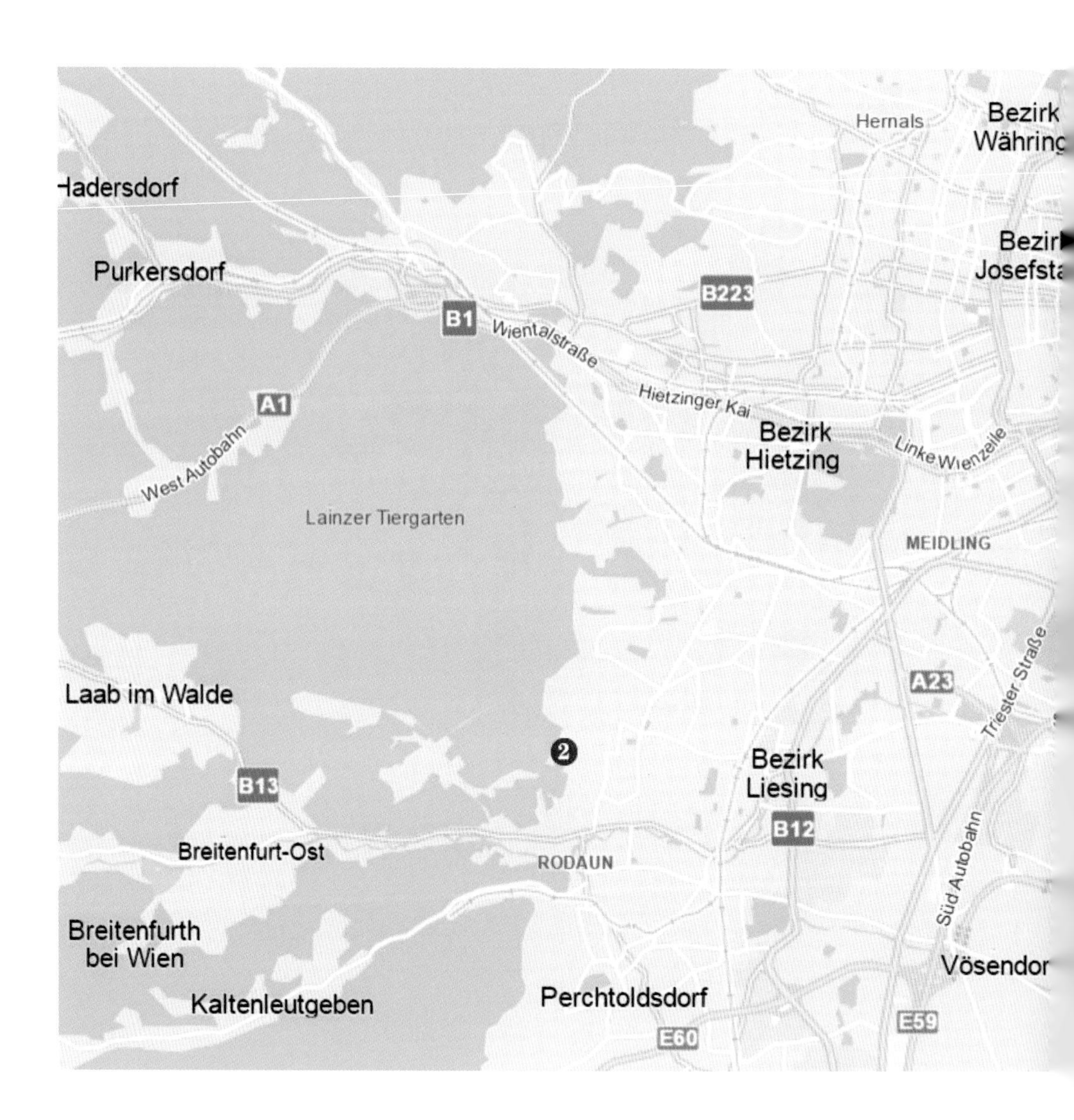

❶ 中央公墓

❷ 沃特鲁巴教堂

❸ 维也纳内城区（第一区）

DONAUINSEL
A22
STADLAU
ASPERN
B3
B3
Schüttelstraße
PRATER
Grossenzersdorf
Südosttangente Wien
E58
Ost Autobahn
LOBAU
zirk
SIMMERING
A4
KAISER-EBERSDORF
A23
Vienna
Central
Cemetery
1
OBERLAA
Schwechat
A4
B9
Kledering
Budapester Bundesstraße
E60
S1
Rustenfeld
Vienna International
Airport
Zwölfaxing